U0353237

江苏省文化产业引导资金文化艺术精品项目
江苏省"十三五"重点图书出版规划项目

传统建筑

克什米尔谷地

汪永平　贺玮玮　著

Traditional Architecture in Kashmir Valley

Himalayan Series of Urban and Architectural Culture

行走在喜马拉雅的云水间

序

2015 年正值南京工业大学建筑学院（原南京建筑工程学院建筑系）成立三十周年，我作为学院的创始人，在 10 月举办的办学三十周年庆典和学术报告会上，汇报了自己和团队自 1999 年以来走进西藏、2011 年走进印度，围绕喜马拉雅山脉 17 年以来所做的研究。研究成果的体现，便是这套"喜马拉雅城市与建筑文化遗产丛书"问世。

出版这套丛书（第一辑 15 册）是笔者和学生们多年的宿愿。17 年来我们未曾间断，前后百余人，30 多次进入西藏调研，7 次进入印度，3 次进入尼泊尔，在喜马拉雅山脉相连的青藏高原、克什米尔谷地、拉达克列城、加德满都谷地都留下了考察的足迹。研究的内容和范围涉及城市和村落、文化景观、宗教建筑、传统民居、建筑材料与技术等与文化遗产相关的领域，完成了 50 篇硕士学位论文和 4 篇博士学位论文，填补了国内在喜马拉雅文化遗产保护研究上的空白，并将藏学研究和喜马拉雅学的研究结合起来。研究揭

示了喜马拉雅山脉不仅是我们这一星球上的世界第三极，具有地理坐标和地质学的重要意义，而且在人类的文明发展史和文化史上具有同样重要的价值。

喜马拉雅山脉东西长 2 500 公里，南北纵深 300~400 公里，西北在兴都库什山脉和喀喇昆仑山脉交界，东至南迦巴瓦峰雅鲁藏布大拐弯处。在喜马拉雅山脉的南部，位于南亚次大陆的印度主要由三个地理区域组成：北部喜马拉雅山区的高山区、中部的恒河平原以及南部的德干高原。这三个区域也就成为印度文明的大致分野，早期有许多重要的文明发迹于此。中国学者对此有着准确的描述，唐代著名学者道宣（596—667）在《释迦方志》中指出："雪山以南名为中国，坦然平正，冬夏和调，卉木常荣，流霜不降。"其中"雪山"指的便是喜马拉雅山脉，"中国"指的是"中天竺国"，即印度的母亲河恒河中游地区。

季羡林先生把古代世界文化体系分为中国、印度、希腊和伊斯兰四大文化，喜马拉雅地区汇聚了世界上

四大文化的精华。自古以来，喜马拉雅不仅是多民族的地区，也是多宗教的地区，包括了苯教、印度教、佛教、耆那教、伊斯兰教以及锡克教、拜火教。起源于印度的佛教如今在印度的影响力已经不大，但佛教通过传播对印度周边的国家产生了相当大的影响。在中国直接受到的外来文化的影响中，最明显的莫过于以佛教为媒介的印度文化和希腊化的犍陀罗文化。对于这些文化，如不跨越国界加以宏观、大系考察，即无从正确认识。所以研究喜马拉雅文化是中国东方文化研究达到一定阶段时必然提出的问题。

从东晋时法显游历印度并著书《佛国记》开始，中国人对印度的研究有着清晰的历史脉络，并且世代传承。唐代玄奘求学印度并著书《大唐西域记》；义净著书《大唐西域求法高僧传》和《南海寄归内法传》；明代郑和下西洋，其随从著书《瀛涯胜览》《星槎胜览》《西洋番国志》，对于当时印度国家与城市都有详细真实的描述。进入20世纪后，中国人继续研究印度。

蔡元培在北京大学任校长期间，曾设"印度哲学课"。胡适任校长后，又增设东方语言文学系，最早设立梵文、巴利文专业（50年代又增加印度斯坦语），由季羡林和金克木执教。除了季羡林和金克木，汤用彤也是印度哲学研究的专家。这些学者对《法显传》《大唐西域记》《大唐西域求法高僧传》和《南海寄归内法传》进行校注出版，加入了近代学者科学考察和研究的新内容，在印度哲学、文学、语言文化、历史、地理等领域多有建树。在中国，研究印度建筑的倡始者是著名建筑学家刘敦桢先生，他曾于1959年初率我国文化代表团访问印度，参观了阿旃陀石窟寺等多处佛教遗址。回国后当年招收印度建筑史研究生一人，并亲自讲授印度建筑史课，这在国内还是独一无二的创举。1963年刘敦桢先生66岁，除了完成《中国古代建筑史》书稿的修改，还指导研究生对印度古代建筑进行研究并系统授课，留下了授课笔记和讲稿，并在《刘敦桢文集》中留下《访问印度日记》一文。可惜 1962 年中印关系恶化，以致影响了向印度派遣留学生的计划，随后不久的"十年动乱"，更使这一研究被搁置起来。由于历史的原因，近代中国印度文化研究的专家、学者难以跨越喜马拉雅障碍进入实地调研，把青藏高原的研究和喜马拉雅的研究结合起来。

意大利著名学者朱塞佩·图齐（1894—1984）是西方对于喜马拉雅地区文化探索的先驱。1925—1930 年，他在印度国际大学和加尔各答大学教授意大利语、汉语和藏语；1928—1948 年，图齐八次赴藏地考察，他的前五次（1928、1930、1931、1933、1935）藏地考察均从喜马拉雅山脉的西部，今天克什米尔的斯利那加（前三次）、西姆拉（1933）、阿尔莫拉（1935）动身，沿着河流和山谷东行，即古代的中印佛教传播和商旅之路。他首次发现了拉达克森格藏布河（上游在中国境内叫狮泉河，下游在印度和巴基斯坦叫印度河）河谷的阿契寺、斯必提河谷（印度喜马偕尔邦）的塔波寺（西藏藏佛教后弘期重要寺庙，

两处寺庙已经列入《世界文化遗产名录》），还考察了托林寺、玛朗寺和科迦寺的建筑与壁画，考察的成果便是《梵天佛地》著作的第一、二、三卷。正是这些著作奠定了图齐研究藏族艺术和藏传佛教史的基础。后三次（1937、1939、1948）的藏地考察是从喜马拉雅中部开始，注意力转向卫藏。1925—1954 年，图齐六次调查尼泊尔，拓展了在大喜马拉雅地区的活动，揭开了已湮没的王国和文化的神秘面纱，其中印度和藏地的邂逅是最重要的主题。1955—1978 年，他在巴基斯坦北部的喜马拉雅山麓，古代称之为乌仗那的斯瓦特地区开展考古发掘，期间组织了在阿富汗和伊朗的考古发掘。他的一生学术成果斐然，成为公认的最杰出的藏学家。

图齐的研究不仅涉及佛教，在印度、中国、日本的宗教哲学研究方面也颇有建树。他先后出版了《中国古代哲学史》和《印度哲学史》，真正做到"跨越喜马拉雅、扬帆印度洋"，将中印文化的研究结合起来。

终其一生，他的研究都未离开喜马拉雅山脉和区域文化。继图齐之后，国际上对于喜马拉雅的关注，不仅仅局限于旅游、登山和摄影爱好者，研究成果也未囿于藏传佛教，这一地区的原始宗教文化艺术，包括印度教、耆那教、伊斯兰教甚至苯教都得到发掘。笔者手头上就有近几年收集的英文版喜马拉雅艺术、城市与村落、建筑与环境、民俗文化等多种书籍，其中有专家、学者更提出了"喜马拉雅学"的概念。

长期以来，沿着青藏高原和喜马拉雅旅行（借用藏民的形象语言"转山"）时，笔者产生了一个大胆的想法，将未来中印文化研究的结合点和突破口选择在喜马拉雅区域，建立"喜马拉雅学"，以拓展藏学、印度学、中亚学的研究范围和内容，用跨文化的视野来诠释历史事件、宗教文化、艺术源流，实现中印间的文化交流和互补。"喜马拉雅学"包含了众多学科和领域，如：喜马拉雅地域特征——世界第三极；喜马拉雅文化特征——多元性和原创性；喜马拉雅生态特征——多样性等等。

笔者认为喜马拉雅西部，历史上"罽宾国"（今天的克什米尔地区）的文化现象值得借鉴和研究。喜马拉雅西部地区，历史上的象雄和后来的"阿里三围"，是一个多元文化融合地区，也是西藏与希腊化的犍陀罗文化、克什米尔文化交流的窗口。罽宾国是魏晋南北朝时期对克什米尔谷地及其附近地区的称谓，在《大唐西域记》中被称为"迦湿弥罗"，位于喜马拉雅山的西部，四面高山险峻，地形如卵状。在阿育王时期佛教传入克什米尔谷地，随着西南方犍陀罗佛教的兴盛，克什米尔地区的佛教渐渐达到繁盛点。公元前1世纪时，罽宾的佛教已极为兴盛，其重要的标志是迦腻色迦（Kanishka）王在这里举行的第四次结集。4世纪初，罽宾与葱岭东部的贸易和文化交流日趋频繁，谷地的佛教中心地位愈加显著，许多罽宾高僧翻越葱岭，穿过流沙，往东土弘扬佛法。与此同时，西域和中土的沙门也前往罽宾求经学法，如龟兹国高僧佛图澄不止一次前往罽宾学习,中土则有法显、智猛、法勇、玄英、悟空等僧人到罽宾求法。

如今中印关系改善,且两国官方与民间的经济、文化合作与交流都更加频繁,两国形成互惠互利、共同发展的朋友关系,印度对外开放旅游业,中国人去印度考察调研不再有任何政治阻碍。更可喜的是,近年我国愈加重视"丝绸之路"文化重建与跨文化交流,提出建设"新丝绸之路经济带"和"21世纪海上丝绸之路"的战略构想。"一带一路"倡议顺应了时代要求和各国加快发展的愿望,提供了一个包容性巨大的发展平台,把快速发展的中国经济同沿线国家的利益结合起来。而位于"一带一路"中的喜马拉雅地区,必将在新的发展机遇中起到中印之间的文化桥梁和经济纽带作用。

最后以一首小诗作为前言的结束:

我们为什么要去喜马拉雅?

因为山就在那里。
我们为什么要去印度?
因为那里是玄英去过的地方,
那里有玄英引以为荣耀的大学
——那烂陀。

行走在喜马拉雅的云水间,
不再是我们的梦想。
边走边看,边看边想;
不识雪山真面目,只缘行在此山中。

经历是人生的一种幸福,
事业成就自己的理想。
慧眼看世界,视野更加宽广。
喜马拉雅,
不再是阻隔中印文化的障碍,
她是一带一路的桥梁。

在本套丛书即将出版之际，首先感谢多年来跟随笔者不辞辛苦进入青藏高原和喜马拉雅区域做调研的本科生和研究生；感谢国家自然科学基金委的立项资助；感谢西藏自治区地方政府的支持，尤其是文物部门与我们的长期业务合作；感谢江苏省文化产业引导资金的立项资助。最后向东南大学出版社戴丽副社长和魏晓平编辑致以个人的谢意和敬意，正是她们长期的不懈坚持和精心编校使得本书能够以一个充满文化气息的新面目和跨文化的新内容出现在读者面前。

主编汪永平

2016 年 4 月 14 日形成于乌兹别克斯坦首都塔什干 Sunrise Caravan Stay 一家小旅馆庭院的树荫下，正值对撒马尔罕古城、沙赫里萨布兹古城、布哈拉、希瓦（中亚四处重要世界文化遗产）考察归来。修改于 2016 年 7 月 13 日南京家中。

Himalayan
Series of
Urban and Architectural
Culture

克什米尔谷地 传统建筑
Traditional Architecture in Kashmir Valley

目 录
CONTENTS

导言

印度位于南亚次大陆，大部分地区属于热带和亚热带气候，与中国、尼泊尔、孟加拉国、缅甸和巴基斯坦等接壤，与马尔代夫和斯里兰卡隔海相望，西临阿拉伯海，东靠孟加拉湾。印度历史悠久，历经孔雀王朝、贵霜王朝、笈多王朝、德里的苏丹国、莫卧儿王朝和英国殖民时期，创造了璀璨的文化。印度地形多样，有沙漠、平原、高原和喜马拉雅山地，从北面喜马拉雅山脉一直延伸到南面的印度洋。

印度民族多样，素有"人种博物馆"之称，语言比较复杂，主要有印欧语系、汉藏语系、南亚语系和德拉维达语系，其中14种语言被纳入印度宪法，其他各民族的语言和方言超过150种[1]。全国有28个邦、7个中央直辖区，邦下设县、乡、村，行政区之间的界线大多数依据语言和民族划定。印度宗教多样，包括印度教、伊斯兰教、佛教、耆那教、锡克教、拜火教以及基督教，其中印度教人口占大多数。

克什米尔（Kashmir）位于印度最西北，南部与巴基斯坦相接，北部与中国西藏相接，在印巴分治前克什米尔包括巴基斯坦境内的自由克什米尔和印控克什米尔，其中印控克什米尔又被称为查谟和克什米尔邦，主要由拉达克地区、克什米尔谷地和查谟平原组成（图0-1）。克什米尔谷地在魏晋南北朝时期被称为罽宾，唐朝时期被称为迦湿弥罗，平均海拔

图0-1　克什米尔谷地在印度的位置

1 邹德侬，戴路.印度现代建筑[M].郑州：河南科学技术出版社，2002.

在 1 500—1 800 米。克什米尔谷地北有喜马拉雅山脉（Himalaya Range），中部属喜马拉雅山脉西段比尔本贾尔岭（Pir Panjal Range），南为查谟丘陵，它处在联系中亚及西部地区的重要位置上，是东西方文化交流的桥梁，在多方文化的影响下，创造了灿烂的古代文明，并留下了多样的历史文化遗产。由于地处印度、中国、中亚的桥梁地区，文化受到多方面的影响，克什米尔谷地是印度境内唯一受希腊风影响显著的地区，独特的文化形成于各文化间的交流。除此之外，克什米尔谷地北侧的山口道路与拉达克相连，拉达克向北跨过昆仑山脉与中国西藏相连，在印度与西藏的文化交流上起到了重要的桥梁作用。

1. 克什米尔谷地的地理范围

查谟和克什米尔邦（Jammu and Kashmir），北面和东面分别与中国的新疆维

图 0-2　克什米尔谷地与周边地区的关系

吾尔自治区和西藏自治区相临，西面是巴基斯坦的旁遮普省，南面是印度的喜马偕尔邦和旁遮普邦，北有喜马拉雅山脉，中部属喜马拉雅山脉西段比尔本贾尔岭，南面是查谟丘陵（图0-2）。

克什米尔谷地（Kashmir valley）是查谟和克什米尔邦的一部分，位于东北部的大喜马拉雅山脉与西南部的比尔本贾尔岭山脉之间，呈东南—西北走向。比尔本贾尔岭是喜马拉雅山脉的一部分，自吉申甘加向东南延伸长达320公里到贝阿斯河（Beas）的上游，主要山口有比尔本贾尔和伯尼哈尔山口（Banihal，图0-3），伯尼哈尔山口为克什米尔谷地与印度平原之间的主要门户，过去货运靠人背，需时一日，隧道公路开通后，除冬季偶尔被大雪阻塞外可终年通行；大喜马拉雅山脉上的吉拉山口（Zoji La）使得克什米尔谷地与拉达克地区相连，沿途环山道路狭窄陡峭。

克什米尔谷地长135公里，宽40公里，中部由杰赫勒姆河流（Jhelum River）冲击形成谷地平原，东部信德谷地和勒德谷地是克什米尔谷地的附属谷地，谷地平原水源丰富，景色优美。克什米尔谷地是查谟和克什米尔邦中三个主要区域之一，由安南塔那加（Anantnag）、巴拉穆拉（Baramulla）、巴德加姆（Budgam）、

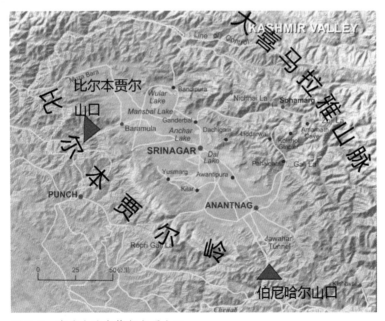

图0-3　南北山脉走势与主要山口

巴恩迪波雷（Bandipore）、甘德巴（Ganderbal）、库普瓦拉（Kupwara）、库盖姆（Kulgam）、普尔瓦马（Pulwama）、菁培安（Shopian）、斯利那加（Srinagar）十个行政区组成。

2.谷地与中国的文化交流背景

克什米尔谷地在佛教盛期与中国有着广泛的佛教文化交流，从而奠定了笔者对课题研究的文化基础。佛教在阿育王时期传入克什米尔谷地，随着西南方犍陀罗佛教的兴盛，克什米尔地区的佛教也达到繁盛点，到公元前1世纪，罽宾的佛教极为兴盛，成为众望所归的佛教渊薮，重要的标志是迦腻色迦（Kanishka）王在这里举行的第四次结集。4世纪初时，罽宾与葱岭东部的贸易和文化交流日趋频繁，中国古籍上的罽宾，在《北史》卷九十七《西域传》中记述"罽宾国，都善见城[1]，在波路西南，去代一万四千二百里。居四山中，其地东西八百里，南北三百里。低平，温和"[2]，罽宾国是魏晋南北朝时期对克什米尔谷地及其附近地区的称谓，之所以说还包括克什米尔附近地区，是因为不同时期对罽宾国的界定范围有所变化，罽宾国在《大唐西域记》中被称为"迦湿弥罗"，位于印度次大陆西北，喜马拉雅山的西部，四面高山险峻，中部是平原，地形如卵状[3]，根据资料可知，就是克什米尔谷地地区。在4—7世纪，谷地的佛教中心地位愈加显著，很多罽宾高僧翻越葱岭，穿过流沙，往东土弘扬佛法，如僧迦跋澄、僧迦提婆、僧迦罗叉等。与此同时，西域和中土的沙门也前往罽宾求经学禅，如龟兹国高僧佛图澄不止一次前往罽宾学习，中土则有法显、智猛、法勇、玄奘、悟空等僧人到罽宾求法，另外鸠摩罗什也对中国佛经翻译产生了重要影响，这种佛教文化交流对中国佛教的发展起到显著的作用。

关于汉唐时期中土通往印度的陆路通道，道宣（596—667）在《释迦方志》卷上《遗迹篇》中有东道[4]、中道[5]、北道的详细记载，除此之外还有罽宾道。其中北道经过克什米尔谷地，也与玄奘西行求法路线相近，主要从瓜州经伊州、高昌、

---

1 善见城：参考李崇峰书籍《佛教考古：从印度到中国Ⅱ》第714页，即谷地首府斯利那加城。

2 李崇峰.佛教考古：从印度到中国Ⅱ[M].上海：上海古籍出版社，2014.

3 龚斌.鸠摩罗什传[M].上海：上海古籍出版社，2013.

4 东道从河州经鄯城，吐谷浑、吐蕃等，东南行抵北印度尼波罗国。

5 中道现被称为丝绸之路新疆段南道，也是玄奘东归道路，从鄯州经凉州、沙州、楼兰、皮山、葱岭等，后经迦毕试国等，到西印度伐剌拏国。

大清池、羯霜那国等，东南山行至铁门关，后过迦毕试国、犍陀罗国（Ganderbal）、咀叉始罗国、迦湿弥罗国（Kasmira，克什米尔谷地）后，南下中印度。《释迦方志》卷下《游履篇》中提及陀历道，陀历道即罽宾道，它是古丝绸之路新疆段南部的一条分道，两汉时期通往罽宾的古丝路南道支线从新疆皮山县开始，直接转向西南沿吉尔吉特河（Gilgit）和印度河上游河谷到达今天的本吉（Bunji）地区，从此地区再分支两路，一路顺印度河延伸到北天竺，另一路则南下到达印度克什米尔谷地的斯利那加城，进而通往中印度[1]（图0-4）。汉唐以来，往来于西域、中土和克什米尔谷地之间的僧人及商人们大多行走在"北道"和"罽宾道"两条道路上，其中包括鸠摩罗什（Kumārajiva）、法显（Fa-hsien）、玄奘（Hsuan-Tsang）等。

鸠摩罗什出生于龟兹，陈寅恪曾称"数千年间，仅玄奘可以与之抗席。今日

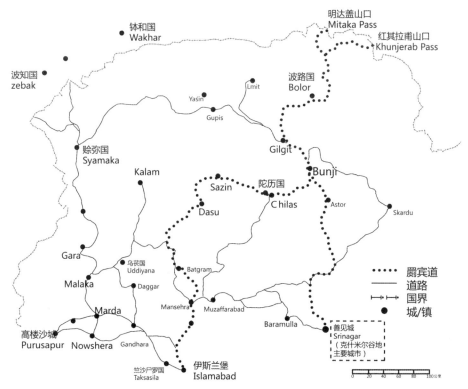

图0-4 道宣记述的罽宾道示意图

---

1 李崇峰. 佛教考古：从印度到中国 II [M]. 上海：上海古籍出版社，2014.

中土佛经译本，举世所流行者，如金刚法华之类，莫不出自其手"。龟兹位于丝绸之路的北道，是塔克拉玛干沙漠北部的绿洲国家，两汉时期已经与中原建立起密切的关系，到西晋时，龟兹发展成西域五大国之一[1]。据《晋书·西戎传》记载"其城三重，中有佛塔庙千所"，是西域主要的佛教文化中心，佛教被列为龟兹国的国教。鸠摩罗什9岁时，在母亲的带领下到达佛教中心罽宾，即克什米尔一带，国都在善见城（今斯利那加附近），他在罽宾学习佛法三年[2]。罽宾在传统上是小乘佛教盛行的地方，十六国时期，这里的佛教和中原联系紧密，有许多罽宾的僧人来华，例如苻坚末年来关中的僧伽跋澄即善，建元十九年（383）由他的口诵经本译出《阿毗昙毗婆沙》，大体同时入关的还有僧伽提婆尤善，译出《中阿含经》，当时罽宾的佛教文化对中原的佛教发展有着不可估量的作用。

鸠摩罗什来到罽宾，从师于部派佛教[3]名师盘头达多，并学习《阿含》和《杂藏》，这些都是小乘佛教的内容。在他从罽宾回国途中遇到须利耶苏摩，并向他学习大乘佛法《中论》《百论》《十二门论》，成为兼通大小乘教教义的佛学家，为之后的长安译场的经书翻译作铺垫。后在秦姚兴的扶持下，在长安组织大规模译场，先是在逍遥园后迁至大寺内，翻译了多本经书，并重译了一批重要典籍，在从事翻译的同时又进行讲学和讨论，为中国佛经开创了译经新时代。

法显与玄奘分别在5世纪和7世纪前往印度时路过克什米尔谷地的斯利那加市（图0-5），西行求法路线分别为道宣记载的"北道"和"罽宾道"。玄奘在633年西游到迦湿弥罗，在克什米尔的史书《诸王流派》中也可以找到相关的资料，可以证实当时玄奘记载的迦湿弥罗就是现在的克什米尔谷地附近，当时是羯迦吒迦王朝（Karkota Dynasty）的初祖杜拉巴瓦尔达纳（Durlabhavardhana）在位之时，玄奘受到杜拉巴瓦尔达纳的热情款待，并从这里学习俱舍论、顺正理论等。《大唐西域记》中记载"迦湿弥罗国境周七千余里，四周负山。山势峭峻，虽有门径，自古邻敌无能攻伐"。可见当时的迦湿弥罗国范围比较大，是北印度的一个大国，

1、2 孙昌武.中国佛教文化史[M].北京：中华书局，2010.
3 在佛教史中，部派佛教是指释迦牟尼佛涅槃后，从上座部与大众部的"根本分裂"到大乘佛教时期兴起前的时期与发展阶段，也是这个时期佛教僧团所形成的各个部派的合称。

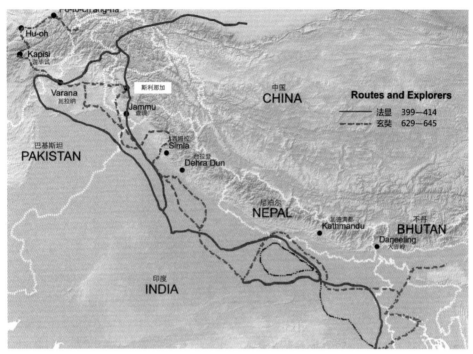

图 0-5　法显、玄奘游学路线（印度北部）

地势优越，易守难攻，处在相对和平的状态[1]，迦湿弥罗国王崇信佛教，对中国的高僧玄奘礼敬有加，当听说原道取经的玄奘还没经书时，遣派 20 名抄书手，为玄奘抄写经书，玄奘有了梵文经藏后认真学习，这在以后中印文化的交流上起到了很大的作用。

悟空于公元 759 年通过犍陀罗来到迦湿弥罗，当时的迦湿弥罗四周被群山包围，大麦是主要的粮食作物，全境只有三条路，朝东一条通往吐蕃，北方的一条通往勃律，即巴尔蒂斯坦，西面一条通往犍陀罗地区[2]，并在此停留四年，学习小乘教，那时当地有寺院 300 余所，灵塔极多。悟空俗名车奉朝，唐玄宗时期，罽宾派使者到达长安，表示愿意归附唐朝。751 年，唐玄宗派中使张韬光及 40 余众护送罽宾使者返西域[3]，当时车奉朝任左卫泾州四门府别将，随同使团到达罽宾。757 年时，在奉朝在罽宾国王冬季驻地犍陀罗地区患重病，不能跟随使团返回长安。

1　玄奘. 大唐西域记 [M]. 董志翘，译. 北京：中华书局，2012.

2　杨建新. 古西行记选注 [M]. 银川：宁夏人民出版社，1987.

3　百度百科 http://baike.baidu.com/subview/171961/6464510.htm?fr=aladdin

当时的罽宾佛教兴盛,有许多高僧,车奉朝病愈后师从犍陀罗的三藏法师舍利越魔,被赐号为法界,并随从老师游历罽宾和周边地区研习佛法,舍利越摩在法界临走的时候,将释迦牟尼佛牙舍利和《十地经》《回向轮经》以及《十力经》赠送给他。释迦牟尼佛牙舍利一共四个,由法界带入中原的这粒就是汶上佛牙,经多次辗转后被安置在汶上宝相寺的地宫中。当时罽宾国的佛寺遭受异教的破坏,舍利越摩深感佛教在印度逐渐衰落,因此将佛牙转交给法界,并由法界带入长安,唐德宗赐法界法名悟空。

8世纪时克什米尔谷地盛行大乘佛教密教,佛教通过谷地传入拉达克地区,并传播到西藏。当佛教在印度衰弱时,很多僧人通过克什米尔逃离到西藏地区,传播佛法,并对藏传佛教产生重要影响。克什米尔佛教是我国西藏后弘期佛教与佛像的源头之一,佛像艺术风格对西藏古格王朝佛像风格的产生有着重要的影响[4]。

克什米尔佛教大师释迦室利跋陀罗(Shakyashribhadra)出生于止布,位于克什米尔河谷的阿瓦提普尔(Avantipur),他在1204年到达西藏,11年后回到克什米尔,因佛教徒在印度遭受迫害,后来又辗转来到西藏。释迦室利为西藏引入了一股新的律经翻译浪潮,最终导致了四个不同社团的产生。释迦室利最重要的贡献就是对于历史上佛祖生平和涅槃时间的计算,即时轮的传入,这对于藏历的计算尤为重要[5]。

---

4 金申. 藏式金铜佛像收藏鉴赏百科[M]. 北京:中国书店,2011.
5 http://www.zangx.com/cms/news/guonei/2010-09-15/453.html

第一章 克什米尔谷地人文与自然环境

第一节 谷地人文环境

第二节 谷地自然环境

第一节　谷地人文环境

1. 人文历史沿革

克什米尔是世界上古老的文明和文化历史的一部分，历史可以追溯到摩诃婆罗多时代之前。根据克什米尔编年史《诸王流派》可以获得12世纪之前的早期历史。从10世纪开始，北印度大部分被穆斯林统治，但是克什米尔河谷并未包含在德里的苏丹国内，长期以来一直是印度教国王的天下，直到14世纪开始穆斯林王朝统治了克什米尔，形成历史的一个重要转折点。

根据资料研究归纳，将克什米尔的历史大致分为四个阶段：远古文明、穆斯林统治以前时期、穆斯林统治时期和锡克教教徒与道格拉人统治时期。

（1）远古文明

公元前3000年左右，最早的新石器时代遗址位于克什米尔谷地平原，重要的遗址在布尔扎霍姆（Burzahom），其中有两个新石器时代和一个巨石时代的遗址 [1]。在布尔扎霍姆遗址的第一阶段（公元前2920年）以涂有泥灰的凹穴住所以及粗陶器和石头工具为显著特征。在第二个阶段，持续到公元前1700年，房子开始向地面上发展，死者采用埋葬的方式，有时家养动物与人同葬。虽然小麦、大麦和扁豆也在这两个阶段被发现，但是打猎和捕鱼仍然是主要的生活方式。在巨石阶段，灰色或黑色取代了陶器中粗红制品的颜色。

公元前1500年至公元前500年，印度次大陆进入吠陀时期。随着北方雅利安人（Aryan）的入侵，也伴随着大量的吠陀涌入次大陆，与印度河流域达罗毗荼人（Dravidian）的原始宗教结合，形成吠陀教（Vedism）。在吠陀时代晚期，随着吠陀部落首领的扩张，郁多罗—库茹人（Uttara-Kurus）定居在克什米尔 [2]。

（2）穆斯林统治以前时期

克什米尔有可靠文字史料的记载要从马其顿王亚历山大征服克什米尔时算起。公元前326年，克什米尔国王波拉斯（Porus）让阿比赛若斯（Abisares）在希达斯皮斯河战役（Battle of Hydaspes）中帮助他共同抵御亚历山大大帝，在波拉

1、2 Feisal Alkazi. Srinagar:An Architectural Legacy[M]. New Delhi: Locus Collection, 2014.

斯失败后，阿比赛若斯向亚历山大屈服，并赠送给他珍宝和战象。

在公元前 304 年到公元前 232 年阿育王（Asoka）统治时期，克什米尔成为孔雀王朝的一部分，阿育王将佛教引进克什米尔谷地，在这个时期，许多舍利塔以及部分湿婆神殿得以建设，斯利那加城市开始发展[1]。公元 121 年至 151 年，贵霜王朝的君主迦腻色迦一世攻占了克什米尔并且建立新的城市克尼沙珈波（Kanishkapur），迦腻色迦国王在克什米尔举办了第四次国际佛教会议。到 4 世纪时，克什米尔成为佛教和印度教学习的地方。克什米尔传教士将佛教传播到中国和其他国家，同时其他国家的朝圣者以及旅行者也开始访问克什米尔。出生在龟兹国的鸠摩罗什曾到克什米尔学习成为著名的学者，后到达中国，对后秦皇帝姚兴产生了深远的影响，并且在姚兴的支持下将多本梵文经书翻译成汉语，他在长安逍遥园内圆寂[2]。

此后，白匈奴人在头罗曼（Toramana）的带领下穿过兴都库什山脉攻占了包括克什米尔在内的印度北部大片土地，他的儿子密希拉古拉（Mihirakura，510—542 年在位）带领军队几乎攻占了整个印度北部。他曾攻占了犍陀罗国，在那里屠杀佛教徒，并毁坏大量寺院[3]。

7—11 世纪时，克什米尔是印度大陆最重要的国家之一，产生了很多的诗人、哲学家和艺术家，他们致力于梵语文学以及印度教哲学的发展。其中著名哲学家瓦苏古特（Vasugupta）写的湿婆圣经促进了一元论湿婆体系的产生，就是后来比较有名的克什米尔湿婆教。克什米尔湿婆教在克什米尔普通人的生活中起到了主要指导作用，并对印度南部的湿婆教产生了重要的影响。

7 世纪后，杜拉巴瓦尔达纳创建的羯迦吒迦王朝统治了克什米尔。根据克什米尔史书《诸王流派》记载，玄奘在这个时期曾访问过克什米尔并在这里学习。这个王朝最强大的统治者拉里塔迪亚·穆塔毗哒（Lalitaditya Muktapida，约 724—760）曾率领军队对西藏进行远征，然后打败了曲女城（Kanyakubja）的统治者亚修瓦曼（Yashovarman），并很快攻占了东部的摩揭陀国（Magadha）、迦摩缕波国（Kamarupa）、羯陵迦国（Kalinga）。他除了有军事才能外同时还热衷于艺术的发展。8 世纪中叶，克什米尔在北印度的政治舞台上很突出[4]。在此期间，克什米尔的建筑以及石雕有很好的发展，水利工程也很突出，杰赫勒姆河就是这个时

1、3、4 Feisal Alkazi. Srinagar:An Architectural Legacy[M]. New Delhi: Locus Collection, 2014.
2 龚斌．鸠摩罗什传[M]．上海：上海古籍出版社，2013．

期被一位水利专家疏通的[1]。在拉里塔迪亚传位后，克什米尔对其他国家的影响减小，该王朝大约在公元855年到公元856年间结束。

在羯迦吒迦王朝结束后，由阿盘底跋摩（Avantivarman，855—883年在位）建立的乌特婆罗王朝（Utpala Dynasry）发展起来，他的继承者沙克热瓦曼（Shankaravarman，885—902）率军成功抵制了旁遮普的古亚拉斯。10世纪时，北印度被穆斯林统治，但是克什米尔河谷未包含在德里苏丹政权的管辖内，克什米尔仍为印度教国王的天下。迪塔女王（Didda，980—1003年在位）在10世纪的后期继承王位，她在公元1003年去世后将王位传给娄哈若王朝（Lohara Dynasty），在11世纪期间，加兹尼（Gthazni）的马哈茂德前后两次试图攻克克什米尔，但是全部失败了[2]。

（3）穆斯林统治时期

14世纪，克什米尔进入穆斯林王朝时期。比较著名的克什米尔圣人瑞西谢赫·努尔丁（Shaikh Nural-din，1377—1440）在他的论述中将克什米尔湿婆教与伊斯兰教的理论相结合，赢得了印度教以及伊斯兰教教徒的尊敬。1346年，来自斯瓦特河谷的沙·米尔柴（Shahmir）登上了王位，采用沙姆斯—乌德—丁沙（Shamsuddin）的称号并且建立伊斯兰王朝，这个王朝先后出了几位穆斯林国王。在1354年至1470年期间除苏丹西坎德尔（1389—1413年在位）之外，其他君主对伊斯兰教之外的宗教都很宽容，而苏丹西坎德尔对非穆斯林征收重税，摧毁大量的偶像雕塑，强迫他们改信伊斯兰教。在他的统治期间，克什米尔只剩下11户婆罗门[4]。其后，克什米尔迎来了一位开明君主仁武阿比丁（Zain-ul-Abidin，1420—1470年在位），仁武阿比丁邀请中亚及克什米尔外的艺术家到克什米尔指导境内的艺术家，在他的统治下，木雕、混凝纸、披肩与地毯编织技术繁荣发展，梵文名著《摩诃婆罗多》与《诸王流派》被翻译成波斯文[5]。遗憾的是他的继承人碌碌无为，都"只是一些被各集团和有力的贵族所拥立、推翻，然后再度拥立的傀儡"[6]。16世纪时，随着中亚和其他地区的伊斯兰教传教士迁移到克什米尔，印度人在克什米尔王朝中的地位以及印度教祭司的作用逐渐下降。1561年，沙·米

1 http://en.wikipedia.org/wiki/Rajatarangini

2、3、4、5 Feisal Alkazi. Srinagar:An Architectural Legacy[M]. New Delhi: Locus Collection, 2014.

6 辛哈，班纳吉.印度通史[M].北京：商务印书馆，1973.

尔柴王朝（Shahmir Dynasty）被推翻，查克（Chaks）王朝的创始人伽其莎夺取了王位[1]。

莫卧儿将军穆罕默德·哈德尔·杜格拉特（Mirza Haider Dughlat）代表胡马雍君主在1540年攻占了克什米尔，但由于对什叶派、苏菲派教徒的迫害以及高负荷的土地征税，导致了群众对杜格拉特的反抗并推翻了他在克什米尔的统治。1589年，在莫卧儿王朝阿克巴（Akbar）时期，克什米尔成为莫卧儿帝国的一部分。阿克巴对宗教宽容，促进了文化的发展，深受人们的尊敬。莫卧儿王朝的统治者十分迷恋克什米尔的风景，阿克巴、贾汉吉（Jehanjir）、沙贾汗（Shah Jahan）曾多次到克什米尔视察。在阿克巴后两任的莫卧儿君主统治期间，克什米尔内大量的花园、神庙以及宫殿被建造，社会和平稳定，一直持续到1658年奥朗则布（Auranzerb）继承莫卧儿王位，克什米尔再次出现宗教不宽容以及不同宗教间税收不平等的现象。1707年奥朗则布死后，莫卧儿帝国的影响力逐渐下降，莫卧儿的实际权力仅存于在于克什米尔以及阿富汗东南部，波斯王那得沙在1738年对莫卧儿的进军彻底动摇了其对印度西北部的统治。到了1750年，克什米尔总督的职位不再受德里的掌控。

（4）锡克教教徒与道格拉人统治时期

阿富汗国王马德·沙·阿卜（Ahmed Shah Abdali）在1753年利用莫卧儿的解体攻占了克什米尔，阿富汗的侵略者十分残暴，"他们把活人装入麻袋，扔进达尔湖取乐，他们烧杀抢掠，在克什米尔造成一片恐怖气氛"[2]。从此时一直到1819年，克什米尔经历了29个阿富汗统治者统治。据历史书籍记载，这个时期的克什米尔人们生活很艰难，每年要被征收600万卢比。从1752年到1947年印巴分治的近200年内，克什米尔的民族宗教冲突一直连绵不断。

1819年，锡克教在国王兰吉特·辛格（Ranijit Singh）的率领下一举打败阿富汗省长穆罕默德·阿兹姆汗，克什米尔被锡克教教徒占领，但是他们的统治与其他专制国家没有什么区别，人们再次陷入水深火热中[3]。克什米尔人中至今流传的一句成语叫做"锡克面孔"（凶神恶煞），便是起源于锡克教统治者时期。锡克教教徒统治时期，查谟国王兰吉特·辛格的将领在1842年入侵西藏，占领了拉达克。

1、3 陈延琪. 印巴分立：克什米尔冲突的滥觞 [M]. 欧亚战略丛书. 乌鲁木齐：新疆人民出版社，2003.

2 刘国楠，王树英. 印度各邦历史文化 [M]. 北京：中国社会科学出版社，1982.

　　到了 19 世纪 30 年代末期，锡克教国家开始出现衰落的迹象。在 1839 年这个国家的创始人兰吉特·辛格死后，锡克教教徒中发生纷争，这使得英国人比较容易地将它击垮。锡克教教徒战败后，克什米尔沦入英国人的手中。1846 年，古拉伯·辛格（Gulab Singh）与英国签署了《阿姆利则条约》，克什米尔被卖给查谟土邦的大君印度教徒古拉伯·辛格。从此，克什米尔进入道格拉（Dogras）人的统治时期，沦入英国殖民者的依附地位。根据条约，英国政府答应"帮助大君保卫自己的领土不受外部敌人的侵犯"，克什米尔大君此后采用世袭制，土邦在法律上成了英属印度的一部分，形式上看，内部政治自主，但是大权均集中在英印总督派来的驻扎官手里。

　　道格拉人统治时期，民族歧视与封建歧视结合在一起的封建压迫急剧加强。农民要缴纳沉重的税收，收购人、商人不断地剥削手工业者和家庭工业者，英帝国主义的殖民政策破坏了克什米尔传统的经济，爱好自由的克什米尔人民不止一次爆发了反殖民反封建的民族起义。

　　（5）印控克什米尔

　　1949 年 7 月，印度与巴基斯坦的代表在卡拉奇达成协议，确定了停火线，印度占 3/5 土地和 3/4 人口，巴基斯坦占剩余部分[1]。印度在其控制区内成立了查谟和克什米尔邦，巴基斯坦在其控制区内成立了自由克什米尔。1965 年 9 月和 1971 年 11 月分别发生一次敌对行动，印度又占领了停火线以西的一些地方，其中印控查谟和克什米尔邦主要由克什米尔谷地、查谟平原、拉达克以及锡亚琴冰川组成。

2. 民族与宗教

　　印度人种极多，素有"人种博物馆"之称，主要原因在于历史上曾多次受到外部种族的侵犯。哈拉帕文明曾受苏美尔、巴比伦文化的影响，到吠陀时期雅利安人从北部进入印度，又对整个印度的文明产生了深远的影响，后期还不断受到希腊人、蒙古人、阿拉伯人等的入侵，不仅改变了当地的人种面貌，也带来了不同的文化。克什米尔位于印度西北部，处在联系中亚及西部的纽带位置，是各个时期入侵者进入印度次大陆平原地区的门户之一，克什米尔的民族在原土著民族的基础上与其他民族不断地融合。

　　克什米尔人，我国史称"迦湿弥罗"和"箇失密"，属于欧罗巴人种印度地

---

1 维基百科 http://en.wikipedia.org/wiki/Kashmir

图 1-1　妇女装扮

中海类型，是克什米尔的主
要民族 [1]，历史悠久。4—8 世
纪时佛教文化高度发展，曾
有许多克什米尔僧人来到中
国传教，而到了 13 世纪，伊
斯兰教占据主要地位。克什
米尔人以雅利安人为主，但
是由于受到外族的多次入侵，
蒙古人、土耳其人、匈奴人
等北方人的特征也很明显，

图 1-2　穆斯林妇女装扮

他们大多数高鼻梁，白皮肤，漂亮健壮。现在的克什米尔谷地以伊斯兰教为主，
穆斯林女子穿长袍，戴头巾，长头巾遮盖头部和颈部，与长衣结合，遮盖全身（图
1-1），只有脸部和双手外露，有的妇女脸部遮盖面纱，只露双眼（图 1-2）。

　　查谟南部主要有道格拉人和吉保人两种民族，他们都属于拉其普特人，其中
道格拉人信奉印度教，说拉贾斯坦多格利方言。他们的衣食住行及风俗习惯与克
什米尔人完全不同，倒是与旁遮普及喜马偕尔邦山地的拉其普特人相似。吉保人
多数为穆斯林，也有少数的印度教教徒，除了吉保人和道格拉人之外，查谟和克
什米尔还有古贾尔人 [2] 和巴格尔瓦尔人等，他们不属于穆斯林，主要从事畜牧业。

　　克什米尔东部的拉达克，多为中国藏族移民的后裔，使用藏文，信奉藏传佛

---

1 陈延琪. 印巴分立：克什米尔冲突的滥觞 [M]. 欧亚战略丛书. 乌鲁木齐：新疆人民出版社，2003.
2 古贾尔人属于欧罗巴人种，与古吉拉特人和贾特人相似，有一种说法认为是穆斯林南下时从古吉拉
特逃过来的印度教人，还有一种说法认为是来自波斯的苏菲派教士。

教，主要从事农业及畜牧业，也有少数人从事商业，经常来往于斯利那加、列城、中国西藏与新疆之间。拉达克人属于蒙古人种，具体又可以分为吉尔特人、林庚人、格亚保人等[1]。

3. 传统工艺

克什米尔谷地中比较著名的传统工艺主要分为三种：披肩（Shawls）、混凝纸（Paper-mache）、木雕，其中丝织品最著名，制作工艺最复杂。

（1）披肩

克什米尔纺织产业的起源不详，但是根据地方志可知，克什米尔地方王仁武阿比丁对于克什米尔的纺织业的发展起到重要作用，他从中亚和波斯聘请织布工匠，运用他们织造壁毯的方法发展了克什米尔披肩的生产，从 1600 年到 1860 年期间，披肩围巾类的手工艺品一直是克什米尔的经济支柱。

披肩最初在印度北部和中亚销售，这种豪华的奢侈品被上层社会男子披在肩上抵御严寒[2]，羊绒披肩一直作为奢侈品受到莫卧儿王朝、阿富汗、锡克以及道格拉王朝统治者的喜爱与支持，成为印度贵族的象征。18 世纪末 19 世纪初披肩开始流行于欧洲，长方形披肩与当时流行的高贵典雅的服装搭配堪称完美，在 1861 年高峰期的销售额达到 459 441 英镑，其中 80% 的纺织品出口到法国，并在皇后约瑟芬的推广下，克什米尔披肩成为欧洲人的时尚风潮，皇后设计的披肩样式在克什米尔被命名为约瑟芬。

高等披肩的羊绒来自于中亚雪羊，位于外层羊毛的下方，冬天利于保温，夏季自然脱落利于散热。这种轻软的绒毛被称为山羊绒，有"纤维的钻石"和"软黄金"的美誉，重量轻、柔软、韧性好。山羊生活的区域海拔越高，绒毛质量越好，根据地区的不同，绒毛的质量也不同。质量最好的羊绒在昌巴和吐鲁番地区，吐鲁番的上等山羊绒毛主要取自于生活在天山山脉的山羊身上，吐鲁番（Turfan）和乌什（Uch-turfan）是两个主要的绒毛收集市场。在喀什格尔—列城道路没有封闭前，此道路是主要的羊毛交易道路。

一条围巾大约需要 24 英两的羊毛，需要从四只山羊上采集。然后经过挑选和洗涤，将洗涤好的羊毛纺成丝线，再用当地特有的植物颜料印染成不同的颜色，

---

1 刘国楠，王树英 . 印度各邦历史文化 [M]. 北京：中国社会科学出版社，1982.

2 哈里斯（JenniferHarris）. 纺织史 [M]. 李国庆，孙韵雪，宋燕青，译 . 汕头：汕头大学出版社，2011.

图 1-3　莫卧儿王朝晚期（1680）的克什米尔披肩

并放在织布机上。纺织者需要在传统织布机上耐心工作数月，织布机上有两个操作杆用于控制弯曲花纹，而纬纱基本上是人手控制[1]。底布主要采用斜纹编织，每个图案采用斜纹壁挂针法手工织造。整个过程比较复杂，所以价格较贵。

　　织造披肩的技术含量很高，当颜料和样式设计更加复杂时，一条围巾上综合了多个图案和颜料，在不同的织布机上分开纺织，最后在专门的刺绣机上进行缝合，针法十分精细，精细的披肩甚至由 1 500 块独立的部分组成。到 19 世纪初开始运用刺绣解决复杂织造图案的方法，链形、茎形、缝补针法与波斯刺绣相似，纺织中的梭子用法与欧洲斜纹织品的技术类似，缠线管在经纬织线间来回穿梭，做出精美的成品，早期名为"暗伯利"（Amli）的刺绣披肩质量很好。

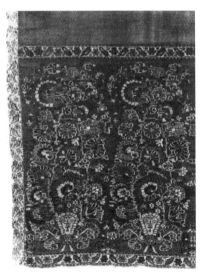

　　初期的克什米尔披肩采用金线和银线进行装饰，图案崇尚自然主义样式，自由配置纤细的花草纹，构成连续的花草纹样[2]，维多利亚·阿尔巴特美术馆收藏了 17 世纪晚期的克什米尔披肩碎布（图 1-3），披肩的镶边

图 1-4　19 世纪初的手工编织披肩

1 Feisal Alkazi. Srinagar:An Architectural Legacy[M]. New Delhi: Locus Collection, 2014.

2 （日）城一夫 . 西方染织纹样史 [M]. 孙基亮，译 . 北京：中国纺织出版社，2001.

较窄，素地上等距地排列着布塔斯（Bustas）花，下垂的花蕾正含苞待放。18世纪晚期，布塔斯花比以前更大，风格更趋向大众化，花朵数目增加并且形状趋向复杂（图1-4），形成带根的花丛，整体花丛外观构成长椭圆形，花丛顶部向左倾斜，形成后期"佩兹利纹样"[1]的雏形，成为克什米尔织物的一大特色，被欧洲人命名为"克什米尔圆柱体"。

另外，由叶形演化而成"松果形纹饰"，最初是古巴比伦时代的装饰纹样，巴比伦人认为松果是松树的幼苗，象征着生命和成长，被视为给人们带来食物、住房和衣服的吉祥物，具有丰收的含义。虽然松果花纹发源于古罗马和希腊，但是并没有在欧洲流行。伴随伊斯兰文化的扩展，印度继承了这一纹样，早在17世纪，克什米尔的披肩已经采用松果纹饰，并将松果外形与自然花草图案相结合，花卉外轮廓逐渐向松果形靠拢。1815年，松果纹样开始失去它的自然形态向抽象形态发展，松果形与花草装饰相结合变成复杂的细长圆锥形涡卷纹，松果外形拉长，线条流畅，花形

图1-5 19世纪中叶的手工编织披肩

装饰变得纤细秀美（图1-5），最后被西方化后发展成"佩兹利纹样"。

西方代理公司对克什米尔后期披肩的设计起到很大的作用，当地土著设计师最初极力反对修改传统纹样，但是最后还是逐渐接受了市场理论，也代表着传统纹样的改变。欧洲人按照本地人的喜好设计纹样并将样稿寄送到斯利那加，由克什米尔人加工成披肩，1850—1860年间克什米尔向欧洲出口的披肩是19世纪初产量的2倍，但随着英国普利兹市生产披肩能力的提高，克什米尔披肩的欧洲市场逐渐衰弱。

---

1 佩兹利纹样：一种以涡卷纹组成泪珠形或者松果形图案的花呢布，来源于克什米尔披肩纹样。

（2）混凝纸（Paper-mache）

木浆、纸浆和纺织品中添加淀粉或墙纸糯糊等黏结剂构成混凝纸，混凝纸工艺是指在泥土覆盖的混凝纸板上制造工艺品，此工艺出现在多个国家中，在克什米尔常被用于装饰品、储存箱中，在混凝纸物体上覆有一层油漆或者绘画。首次利用这种技术做笔筒的工艺闻名于赛尔柱王朝的伊朗，在中世纪时期通过伊朗传到中亚的其他地区。克什米尔的仁武阿比丁从撒马尔罕（Samarkand）将精通此项艺术的技工引进谷地，当时此工艺仅在斯利那加市的什叶派社区间被运用，大多来自于波斯的移民。

在过去的几个世纪中，混凝纸技术不断被发展。混凝纸首次被当做国际贸易品开始于法国代理商在谷地中运用混凝纸工艺的箱子打包披肩，当被打包的披肩运到法国后，精美的箱子与披肩就被分开销售，代理商从而获得了高额利润。很快克什米尔混凝纸工艺品在欧洲发展为独立市场，工艺箱还有工艺花瓶的需求量不断增加（图1-6），纸浆制品上的鸟兽和花卉展示了印度与波斯艺术的融合。混凝纸工艺也用于室内天花、嵌板和门板装饰，保存至今的最古老的室内混凝纸装饰分布于19世纪的民居

图1-6　混凝纸工艺品

图1-7　混凝纸室内装饰

以及圣殿中（图 1-7）。

混凝纸制品的基本材料由纸、破棉布和纸浆组成，并用淀粉作为黏合剂。现在的工艺逐渐发展成一种表面装饰形式而不是实体的制作，首先制作实体并将表面处理平滑。物体无论是手工制作还是放在模子中定制，在进行上涂料前用纸条或者是薄棉布条贴在物体表面，作为石膏间的阻隔物，防止石膏表面上的漆画图案开裂。然后选择图案和颜色，在光滑的表面徒手绘画，所有步骤在工匠师那里形成流线序列。表面先涂有底漆并用铅笔将图案形状绘制出来，过去的工匠们在没有金属镂印板的帮助下只能徒手绘画，现在年轻的工匠师喜欢利用镂印板镂印图案轮廓。但是在擦除镂印板图案边缘的辅助线时容易在表面形成模糊的痕迹，必须通过涂料覆盖，覆盖模糊轮廓线的线条一般采用黄色。在图案打底时通常采用圆或半圆笔触，所有的图形运用等粗线绘制，绘画的主要特征在于精细画工做出的图案阴影。这种画工技艺被称为 Partaz，是一种半曲线的画工方法，此方法也被用于填补不同主题图案间的细小缝隙[1]。图案颜色被填充后，上面覆盖两层清漆，以防颜色脱落，或者图案的破损，清漆采用的树脂来自于当地植物的柯巴脂。如果在图案上用金色提色，金色被用于第一道清漆之后，完成后再涂一层清漆。

绘图中运用的涂料以矿物、有机物或者是植物染料为基础，白色通常来自于当地一种石材，黄色出自野生植物瓦兰吉（Weflangil），黑色源自烧焦的石榴皮，红色取自于胭脂虫和藏红花，深蓝色来自延康德（Yankand）。到 19 世纪末，基本颜色主要有深红色、绿色、蓝色，偶尔使用黑色，基于基本颜色可以产生多种颜色体系，现在水粉也被大量使用。传统图案的主题主要描绘了谷地中的植物形象，除了在丝织品、刺绣以及木雕中出现的悬铃木树叶、杏叶和涡纹图案外，在混凝纸工艺中还有鸢尾花、玫瑰花、康乃馨、苹果花、罂粟花、莲花、水仙等图案。多样的母题也促进了图案的创新，通常图案铺满整个表面或者是以某个花纹重复有序的排列。

（3）胡桃木雕

克什米尔木匠利用当地工具雕刻出精美的木雕，并持续了几个世纪，他们一般采用桃木进行雕刻，因为桃木质地密实，纹理清晰，表面并可被抛光平滑。胡桃木被普遍用于家具制作中，克什米尔谷地是印度境内唯一生长胡桃树的地区，

---

1 Feisal Alkazi. Srinaga:An Architectural Legacy[M]. New Delhi: Locus Collection, 2014.

图 1-8A　船屋的胡桃木雕刻　　　　图 1-8B　传统的克什米尔工匠

木材颜色包括从乳白色到黑巧克力色一系列颜色，阳光下晒干的胡桃木色泽比较饱满，棕色中泛着淡紫色，室内烘干的桃木颜色偏向于淡棕色[1]。

　　莫卧儿时期，流行在胡桃木雕中镶嵌金属，但是这项工艺已经失传，胡桃木业在阿富汗和锡克教教徒统治时代变得萧条，到道格拉时期得到复兴。在这个时期，胡桃木桌椅家具在欧洲市场需求量很大，胡桃木雕刻在斯利那加市也逐渐兴盛起来，直到今天许多木制品仍然局限在 19 世纪时的样式。在 19 世纪，欧洲人对橱柜、桌椅、木箱、托盘甚至是枪支的需求带动了谷地中木雕业的发展。顶尖工匠师通过计算好的凿刻数量完成切割、抛光木头表面等工序，整个过程与石刻工艺很像。图案主题以这个地区的典型植物为主，在 19 世纪后期复杂精美的木雕细部受欧洲的影响深刻，在这个时期粗犷的传统雕刻被复杂的雕刻代替（图1-8A）。

　　雕刻手法主要采用底切、镂空、深雕、浅雕。底切的雕刻手法深受石刻的影响，图案由多层构成，甚至可以达到七层，一般用于描述三维图像，图像边缘被修圆磨光，这种风格经常被用于嵌板中[2]，图像形象来自丛林环境，如鹿、熊、蛇、鹦鹉和多种植物叶子形状。镂空是工匠间比较流行的处理手法，在屏风上雕刻出格栅空透纹理，视线可以穿透屏风，悬铃木叶子的形状经常被用于这种技法中。深雕一般给人深刻的印象，雕刻体从物体表面升起，一般用于描绘龙和莲花的形象。浅雕手法通常用于平坦的表面。克什米尔木雕工匠们很少采用几何图形，几何图形一般用在天花和木格栅窗上（图1-8B）。

　　雕刻主题分为花草、果树、生活场景和动物。花草主要描绘了茂盛的草丛、

1、2 Feisal Alkazi. Srinagar:An Architectural Legacy[M]. New Delhi: Locus Collection, 2014.

芦苇以及争奇斗艳的花朵；果树主要是谷地中常见的苹果树、胡桃树、杏树和葡萄，有的枝条挂满花朵，有些挂满果实；生活场景主要是狩猎、战争场景以及宫廷内的生活场景；木雕中的动物也是不可或缺的，涵盖鸟类、牲畜、水生动物，包括夜莺、鹦鹉、戴胜鸟、鸽子、八哥、麻雀、牛、黄莺、鸭子、鹅、鱼、狮子、鹿、兔子、马、蛇、山羊等，它们都是谷地中常见的动物。从雕刻主题上可以看出，谷地中的木雕显示了对自然的崇尚，有着莫卧儿时期的自然主义情趣。

第二节　谷地自然环境

1. 气候

莫卧儿王朝首位国王巴布尔在他的新国土没有发现印象深刻的事物，他写道："印度斯坦是一个没有特色的国度，这里的人长相丑陋，这里没有骏马，吃不到葡萄和香瓜，喝不到甘泉。"阿克巴征服克什米尔谷地后，他认定这里是人间天堂，夏季气候凉爽，可以让人逃脱印度河平原和恒河平原的酷热，斯利那加逐渐成为莫卧儿时期的皇家避暑胜地。

克什米尔谷地气候比较温和，主要受周围地势的影响。北侧有喜马拉雅山脉，南侧与西侧有比尔本贾尔岭，东侧有赞斯卡（Zanskar）山脉，周边山脉将谷地环绕，平均海拔超过1 600米。由于地处季风带边缘，也不像印度次大陆一样经历明显的干湿季节[1]。与印度次大陆其他地区相比较，克什米尔谷地的夏季气候比较湿润温和，一年中7月和8月最热，最高气温30度，最低气温18度，12月到次年1月最冷，平均最低气温在零下2度（图1-9）。谷地没有绝对干旱的月份，但是天气变化大，历史最低气温在零下18度，最高气温在33度。谷地内地势不同的区域气候也有差异，山地通

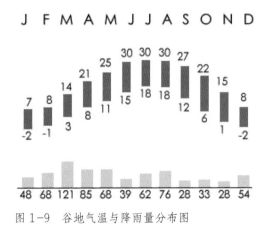

图1-9　谷地气温与降雨量分布图

---

1 鲁伯特 . 世界激情之地 [M]. 青岛：青岛出版社，2009.

常比平原地区的气温低。

2. 河流与湖泊

6 000万年前开始的印度板块与亚洲板块相互挤压形成喜马拉雅山脉与褶皱，克什米尔谷地褶皱长135公里，宽40公里，深900米，冰川融水与山间暴雨注入盆地形成湖泊，河水携带的泥沙与石块沉积在湖底，同时，湖中流淌出的河流在周围山上冲出凹口，向谷地外流淌。由于沉积与侵蚀的作用，大湖逐渐消失，留下沉积层厚达600米的山谷。

（1）杰赫勒姆河

克什米尔谷地最重要的河流就是杰赫勒姆河。如今，这条冲击出肥沃土地的河流蜿蜒穿过湿地与湖泊，流经斯利那加市和乌尔湖（Wular Lake，乌尔湖形成于杰赫勒姆河），最后通过巴拉穆拉内的陡峭狭窄峡谷流出克什米尔（图1-10）。杰赫勒姆河也是巴基斯坦旁遮普地区的五条河流中最西边的一条，穿过杰赫勒姆地区，是奇纳布河的支流，长约505英里（813公里）。杰赫勒姆河发源于比尔本贾尔岭的维瑞纳泉池，信德河（Sind River）和勒德河（Lidder River）是它主要的支流，两边山体溪流也汇入谷地河流中。它在灌溉谷地平原的同时一直被视为重要的交通系统，沿河贸易的船只络绎不绝。民居聚落沿河建设形成大小不一的

图1-10　杰赫勒姆河

城镇，其中最大的就是斯利那加市，该市建于孔雀王朝（Maurya Dynasty）时期，有着悠久的历史，城内民居跨杰赫勒姆河两岸发展，形成沿河街巷和城区，古老的木构桥梁联络两岸的发展，载有丰富货品的船只顺河道划向沿河民居进行交易。杰赫勒姆河的支流贯穿整个斯利那加市，这里的水路比陆路还多，因此被称为"东方威尼斯"，环境的影响塑造了古城的特色建筑体系。

（2）信德河

信德河是杰赫勒姆河的主要支流，位于加恩德尔巴尔县（Ganderbal），长108公里，源自海拔4 800米的马基冰川（Machoi Glacier），东侧经过印度教圣地阿马尔纳特石窟（Amarnath Temple），并通过南侧的吉拉山口。吉拉山口位于大喜马拉雅山脉的西侧，是拉达克列城与克什米尔谷地首府斯利那加市之间的通行山口，信德河向西沿斯利那加—列城公路蜿蜒流淌。沿途来自甘葛布尔湖（Gangabal Lake）的浣戈斯河（Wangath River）以及多个冰川溪流汇入信德河，在珊迪珀若处汇入杰赫勒姆河。

信德河冲积产生的信德谷地是克什米尔谷地的一部分，谷地狭长，有些地方的宽度小于500米，除了峡谷与

图1-11　信德谷地

湍急的河流，仅有斯利那加—列城公路穿行（图1-11）。信德谷地有着重要的历史地位，古斯利那加—斯卡杜道路穿过其中，伊斯兰教通过这里在克什米尔传播，成为文化传播和古丝绸之路的纽带。1372年波斯圣人沙汉姆丹（Shah Hamdan）带领700名信徒沿此道路进入克什米尔谷地[1]，并将不同的艺术品引进到谷地中。除此之外，信德山谷将克什米尔谷地与拉达克连接起来，起到了重要的交通连接作用。

（3）勒德河

---

1 维基百科 http://en.wikipedia.org/wiki/Sind_Valley

勒德河是杰赫勒姆河的支流，发源于库皓伊冰川（Kolhoi Glacier），在帕哈干（Pahalgam）的东部有源自舍沙湖（Sheshnag Lake）的支流注入勒德河，形成东西勒德河，在帕哈干构成美丽的画卷，向南蜿蜒流淌经过葱郁的冷杉林。在山谷中水流湍急，出山谷进入马特坦（Mattan）古村时水流开始平缓，最后在安南塔那加市的贡纳·卡纳巴（Gurnar Khanabal）村注入杰赫勒姆河。河水经过多个运河用于灌溉，其中最著名的就是沙库运河（Shah Kol），通过给水处理后成为饮用水。

勒德河冲积产生的勒德谷地也是克什米尔谷地的一部分（图1–12），Y字形的谷地面积有1 134平方公里，北临信德谷地，东北部靠札斯卡尔岭（Zaskar），南部向克什米尔谷地开敞。谷地中有许多冰川溪流，这里是鳟鱼和喜马拉雅黑熊的自然栖息地。勒德河畔的帕哈干地区是著名的旅游胜地，这里环境优美，水流丰富，谷地宽阔，植物覆盖面积大。其中针叶乔木占森林植被的90%，主要有雪松、乔松、冷杉、印度七叶树等，灌木主要有异花木蓝、荚莲属植物、西藏珍珠梅等。帕哈干地区因环境优美一度成为宝莱坞电影的主要取景地，游客络绎不绝。从这里骑马或者徒步向上穿过35公里的松林小道可以欣赏到壮观的霍伊冰川（Kolahoi Glacier）。

勒德谷地与每年的阿马尔纳特石窟朝圣活动紧密相连。阿马尔纳特石窟

图1–12　勒德谷地

图1–13　阿马尔纳特石窟

图 1-14A　达尔湖上的船屋与希卡拉　　　　图 1-14B　达尔湖上的船屋与希卡拉

位于海拔 3 888 米处的雪山上，除了每年的 7 月份与 8 月份外洞穴全年被冰雪覆盖，洞穴外的雪融化后在内部的冰柱会显现出来。冰柱被认为是印度教湿婆的林伽（图 1-13），故阿马尔纳特石窟是印度教最神圣的地方，每年有成千上万的印度教教徒通过勒德谷地前往圣地。位于帕哈干北侧的阐丹瓦日（Chandanwari）是每年朝圣的起点，从阐丹瓦日开始的山路十分陡峭，只能步行或者是骑马前进，经过 11 公里后到达舍沙湖，再向前行走到达最后一个站点潘克塔米（Panchtarmi），此时距离洞穴还有 6 公里[1]。

（4）达尔湖

谷地湖泊主要有达尔湖（Dal Lake）和乌尔湖两大湖泊，除此之外还有 10 个小湖。达尔湖位于斯利那加市，是谷地中第二大淡水湖，莫卧儿王朝时期经过改造，除了泄洪作用外还是重要的农业生产与贸易场所，被称为"斯利那加的珠宝"。达尔湖的湖岸线大约 15.5 公里长，周边环绕莫卧儿时期的花园，站在每个花园处都可以俯瞰到湖面风景，湖面上漂浮着船屋和希卡拉[2]（图 1-14）。18 平方公里的达尔湖面是自然湿地的一部分，21.1 平方公里的湿地包括水上庄园（图 1-15），水上庄园是达尔湖上独特的农

图 1-15　水上园圃

---

1 维基百科 http://en.wikipedia.org/wiki/Sind_Valley
2 希卡拉（Shikaras）：小木船的统称，用于农产品交易，船屋与湖岸间的运输工具。

业生产基地，由编织植被和泥土组成，可以浮动在水面上，以7月份和9月份盛开的莲花著称。湿地被堤坝分成四个部分，分别是贾瑞布尔（Gagribal）湖、芦库达尔（Lokut Dal）湖、博得达尔（Bod Dal）湖和纳根（Nagin）湖。芦库达尔湖与博得达尔湖两个湖泊的中央各有一个小岛，纳根湖虽然有时被认为是独立的湖泊，但它是达尔湖的一部分，南侧是商羯罗查尔雅山（Shankaracharya Hiu），西侧为哈里帕布城堡（Hari Parbat），从湖泊上望去风景优美。

（5）乌尔湖

乌尔湖是谷地中最大的湖泊，位于班迪波拉县（Bandipora），湖泊形成于地壳运动，湖水来自于杰赫勒姆河，主要用于河水的泄洪（图1-16）。乌尔湖的面积随季节的变化在30—260平方公里之间改变，是亚洲最大的淡水湖之一。乌尔湖是鱼类的重要栖息地，这里的鱼类丰富多样，成为沿湖居民食物的重要组成部分，8 000多名渔民依靠乌尔湖谋生。除此之外，乌尔湖也是多数鸟类的栖息地，分布着喜马拉雅金鹰、喜马拉雅虹雉、石鸡鹧鸪、野鸡、摇滚鸽子、布谷鸟、喜马拉雅啄木鸟、戴胜鸟、家燕、黄莺等，这里的湿地保护区，成为亚洲夏候鸟的主要过冬地之一[1]（图1-17）。

图1-16　乌尔湖

图1-17　候鸟过冬湿地

---

1 杰森·伯克.保卫克什米尔的树[J].中国三峡，2011(06)：73-74.

3. 自然生物

谷地物种丰富，乔木树种主要有印度雪杉、兰杉、冷杉、松、云杉、榆木、白杨和悬铃木等。杉木常被用来建造房屋，耐水防潮。悬铃木的广泛分布受到波斯文化的影响，房前屋后多有种植（图1-18），有辟邪祈福的象征，一般生长在水边或者湿地等水分充足的地方。灌木主要有异花木蓝、荚蒾属植物、西藏珍珠梅、小叶黄杨、紫薇树、枇杷树、合欢树等。

图1-18　悬铃木

低矮花丛种类也很多，有天竺牡丹、月季、芍药、杨菊、大丽花、绣线菊、黄菊、天竺葵、绣球花等。攀爬植物有蔷薇、爬山虎、紫藤等。水生植物主要有水莲和芦苇，芦苇常被用做建筑材料。果树主要有苹果树、胡桃、梨树、葡萄、杏树等，种类丰富。大自然是谷地的化妆师，一年四季利用植物的变化形成不同的景观，每个季节都有它独特的风貌，让人流连忘返。

多样的植物种群为动物种群的发展提供了有利条件，丰富的水资源为鱼类提供了舒适的栖息地，主要有鳟鱼、鲤鱼、玫瑰鲫、食蚊鱼、Nemacheilus（属泥鳅类）、暹罗角鱼（图1-19）、扁嘴准裂腹鱼、黑身准裂腹鱼[1]等，鸟类主要有黑耳鸢、北雀鹰、短趾雕、喜马拉雅金鹰、棕尾虹雉、岩鸽、大杜鹃、高山雨燕、喜马拉雅斑啄木、戴胜鸟、黄莺等，爬行动物主要有喜马拉雅棕熊、麝、雪豹等。

4. 地形地貌

克什米尔谷地沿喜马拉雅山成东南—西北走向，平均海拔1 500—1 800米，面积1.5万平方公里，是印控克什米尔人口最多、农业最发达的地区。谷地四周为高山峻岭，分布火山岩、页岩、硅岩和花岗岩等，山坡地带以冰积土壤为主，

---

1 黑身准裂腹鱼：辐鳍鱼纲鲤形目鲤科的其中一种，生活在清澈冰冷的湖泊和溪流中。

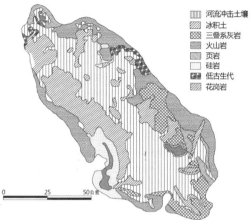

图 1-19　暹罗角鱼

图 1-20　地质分布图

河流冲击土壤
冰积土
三叠系灰岩
火山岩
页岩
硅岩
低古生代
花岗岩

山顶雪景连年不绝，山脉向山谷中延伸成丘陵梯田，杰赫勒姆河蜿蜒穿过谷地，在谷地中央形成冲积平原和湿地（图 1-20），湖泊星罗棋布。东北与西北处分别有勒德谷地和信德谷地两个附属谷地，有杰赫勒姆河的支流穿行其中。农事活动主要集中于平原和谷地地区，山区多为森林或牧场。

由于谷地形成于地壳运动，周边有喜马拉雅山脉围绕，地处南北逆断带之间，属于地震多发区，自然地质影响了当地建筑的构造，在长时间的历史发展中逐渐形成两种主要的抗震体系，一直延续到现在。

小结

印度克什米尔谷地四周被山体环绕，历史悠久，历经佛教文化时期、印度教时期和伊斯兰文化时期。在佛教兴盛时期，谷地佛教受到犍陀罗文化影响深远，并与中国佛教文化交流广泛。它是犍陀罗佛教文化向东传播的跳板，谷地中曾有多位僧人在不同时期前往西藏等地区传播佛法，中国的鸠摩罗什、法显、玄奘等翻山越岭不远万里来此学习经文，其地理位置多次出现在中国古籍中。历史上每个宗教的兴衰都与政治紧密关联，统治者利用宗教的影响来稳定社会。伴随统治者不同宗教的倾向，克什米尔谷地的宗教文化也在佛教、印度教及伊斯兰教之间转换，不同宗教时期都创造了辉煌的文化遗产。如今的谷地受伊斯兰苏菲文化影响深刻，大多数人属于穆斯林。谷地经济主要依靠旅游业、农产品和手工业的发展，特别是披肩类纺织品，因工艺精细、花纹独特和色彩鲜艳在世界范围内享有极高的评价，欧洲多个国家曾一度模仿谷地纺织品。

夏季四周山体的冰雪融水汇集在谷地中，谷地水流丰富，河流湖泊遍布，其中以杰赫勒姆河、达尔湖及乌尔湖为主。杰赫勒姆河发源于谷地南侧的维瑞纳泉池，沿途汇集山体溪流，在谷地中央蜿蜒流淌。羯迦吒迦王朝时期杰赫勒姆河被疏通，谷地道路系统未完善前成为主要的水路交通干线，在西北部穿过峡谷进入巴基斯坦旁遮普地区。达尔湖位于斯利那加市，周边环绕多个莫卧儿王朝时期的台地式园林，湖面上漂浮着水上庄园，沿湖线性排列船屋，湖光山色构成一幅美丽的画卷。这里气候温和湿润，没有明显的干湿季节，四季风景如画，动植物种类丰富。地形以谷地冲积平原、沿湖湿地以及山坡丘陵为主。平原地区广植水稻、小麦、玉米、棉花等多为夏季农作物，山坡丘陵地区种植果树，除此之外，还有少量的煤和铝土矿等矿资源，但尚未很好开采，山地中还有一些矿泉。

第二章　克什米尔传统民居

住宅是人类最早的建筑类型，早期的天然洞穴、下沉凹穴、构木为巢都是住宅类型。考古发现的穴居岩洞中，时间较早的有公元前3000年左右克什米尔附近的布尔扎霍姆（Burzahom）洞穴，在没有洞穴的地方，从地面下挖凹穴，并覆盖树枝、树叶。从狩猎时代发展到农耕时期，才出现稳定的民居点。考古学家在斯利那加东南部41公里的古夫克拉尔（Gufkral）发现巨石时代的民居点，这里的定居点平面是圆形和长方形的，地面铺有红赭石，有利于防止白蚁的侵蚀，墙壁上涂有芦苇泥土。在这些定居点发现了存储用的凹穴，有骨质和石质的工具。后期生活在这里的居民开始了解陶瓷艺术，并从狩猎逐渐转变为农耕，圆形灶台和炉灶构成后期居住的主要生活特征，赤土陶瓦类手镯也被发掘出来。考古发掘表明克什米尔不仅与哈拉帕文明有直接的联系，也与北部的中国和中亚民族有联系。

人类进入农耕时代后，定居点逐渐增多，多个定居点组合在一起构成聚落。随着文明的发展，商业手工业逐渐成熟，聚落由商业群体和农业群体共同组成，伴随着聚落规模的扩大构成集街巷、河流交通体系于一体的城镇。克什米尔谷地水资源丰富，其中湖泊和河流遍布，在道路体系没有形成前，错综交叉的水系是主要的交通干线，乡村聚落根据农业活动的需要沿水系和田地发展，以商业为主的城镇则沿河流和贸易交易点发展。克什米尔谷地的首府斯利那加就是在贸易点的基础上逐渐发展的城镇。斯利那加城由早期联系西藏、中亚和印度大陆的贸易点沿杰赫勒姆河两岸发展，直到20世纪，水运交通一直是其主要的交通运输方式，城市主要群体是工匠和经销商们，集市和车间形成城市中心，进而维持城市的发展。这是一个贸易型的城市，依赖于商业的发展，而非农业。

克什米尔是西藏和印度西北边境与西旁遮普（当代巴基斯坦）、中东和地中海沿岸联系的重要集合点。在过去的几个世纪里，不同种族的人通过贸易前来并定居于谷地中。公元前2世纪的萨卡人抵达这里后，中国的月氏部落也迁移进来，之后的国王迦腻色迦一世就出身于月氏族。公元4世纪部分匈奴人移居到谷地，波斯、中东和北部西藏地区与谷地交流也很频繁。伴随着周边地区的文化影响，谷地也经历了佛教文化、印度教文化和后期的伊斯兰文化的洗礼，不同时期中相互重叠的艺术风格装饰着民居聚落，其中影响最深远的要属伊斯兰文化的影响。如今谷地中的大多数聚落以伊斯兰清真寺为中心，清真寺建筑高出所有民居建筑，除此之外，民居外立面及内部空间的布置与伊斯兰文化也有紧密的联系。

在建筑选材上，民居与周边环境同步发展。建材直接从环境中直接获取，如干草、桦树皮、黏土、芦苇、木材和黏土砖，而且建造技艺随着时间的推移不断地被改善，形成的多层建筑可以有效抵御冬季的严寒以及地震的破坏。石基上的砖木混合结构体组成本土的传统民居结构，主要有安其体系（Taq）和达吉—德瓦日结构体系（Dhajji-dewari），基本的结构体由木质梁柱搭建，内外墙体为砖墙。在农村很多地方，墙体仍然使用黏土作为黏合剂，这些建筑屋顶经常由木瓦和桦树皮覆盖。

第一节　传统民居空间布局

1. 聚落选址

由于克什米尔谷地处在四周山体环绕的空间中，建筑在选址时主要考虑地形地貌与水源的因素，聚落通常在较平坦地势中沿河流发展，形成环河聚落带（图2-1），谷地水系发达，民居处在"枕山、环水、面屏"的优良环境中。

图2-1　沿河聚落带

民居聚落主要沿山坡和谷地平原分布，以点、带、面的形式出现。最基本的布局形式就是点，也是聚落的基本构成要素。点是指单个民居的布局，一般分布在山坡梯田的山包上，点与点间相距很远（图2-2）。带状分布与谷地环境相关，由单个民居的点组成，主要分布在杰赫勒姆河的

图2-2　克什米尔谷地中的山地民居点

冲积平原上，沿河流或主要交通干道成带状分布，或者是山坡平坦地势上的民居沿溪流分布。面状布局因需要大面积的平坦基地以及丰富的水源，故在谷地中分布较少，主要集中在斯利那加和安南塔那加等主要城镇中。

2. 古街巷布局

古街巷空间的形成是民居建设的自然结果,美国评论家鲁道夫斯基在《人的街道》中说:"街道不会存在于什么都没有的地方,也无法同周围的环境分开"。由于谷地地形以及人文社会的影响,街巷蜿蜒曲折,密集幽深,成为经济活动的载体及文化生活的场所,连接各枢纽空间,相互通达。砖木结构住宅直接面向街道修建,可以说,建筑之外的剩余地面全部铺装为街巷。因此,街巷的空间受到建筑建设的影响,或宽或窄,或者是自由弯曲或者是相互交叉,房间内部秩序渗透到外部街巷中。

按照街巷的物质组成要素,古街巷空间主要分为顶界面、侧界面和底界面,还有受宗教文化影响的虚界面。由于民居建筑直接面向街巷,街巷空间的形成受两边侧界面的直接影响,两侧民居通常有高高的石基座,基座上设有向外出挑的石板,作为人们日常的休闲坐椅,人们可以在石板上盘腿而坐,对面交谈(图2-3);木雕门窗、格栅状凸窗、线性长阳台以及陡峭的斜屋面沿街巷展开。底界面主要由不同花纹的铺装组成,与建筑基座相连,中间没有绿化,水渠穿过街道。街巷按照尺寸大小主要分为街与巷。街的尺寸较大,街宽是两侧建筑平均高度的1—1.2

图2-3 传统街道

倍，是民居聚落的主要交通干线；而巷的尺寸较小，巷宽一般为两边建筑平均高度的三分之一。当街道宽度与两侧墙体高度的比值小于1时，会有接近感和紧迫感；当比值大于1时，随着比值的增大会有远离感；达到2时，就有宽阔感；比值在1.3时是亲切的适于人的尺寸[1]。因此，谷地中的传统街道尺度有利于营造亲切感，而蜿蜒的狭窄巷子给人紧迫感和神秘感。

克什米尔谷地中的传统街巷整体尺寸较小，沿河流发展的民居聚落形成独特的街巷空间结构，民居紧临水面，建筑基座升起水面很高用于防水，相邻街道隔民居带与河流平行（图2-4）。斯利那加城中沿杰赫勒姆河两岸发展的民居就是典型的实例，斯利那加城沿河流两岸发展，其街巷空间结构与地形、水系相结合，沿河民居保留了其传统面貌。建筑升起于水面之上，主要街道与河流平行并退于民居带后面，民居间通常设置公用院落或者是私家花园，每相隔一定距离设置人行小巷，巷子连通主要街道和入河台阶（Ghats），入河台阶是重要的公共活动场所，来自河流船舶上的商品交易以及周边居民的日常洗涤都在这里进行（图2-5）。与圣城瓦拉纳西（Varanasi）的台阶相比，这里的台阶并没形成一个连续的线性带。相反，它们大多位于单个马哈拉（Mohalla）社区旁边沿杰赫勒姆河外缘成点式分布，相互间没有联系，周边社区共同出资修建和保护它们。民居后方的主要街道与河流相连，并通过河上桥梁的联系发展成繁忙的集市商

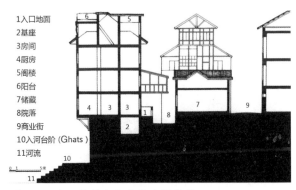

1 入口地面
2 基座
3 房间
4 厨房
5 阁楼
6 阳台
7 储藏
8 院落
9 商业街
10 入河台阶（Ghats）
11 河流

图 2-4　沿河民居与街巷的空间关系

图 2-5　台阶上洗衣物的人们

1（日本）芦原义信.街道的美学[M].尹培桐，译.天津：百花文艺出版社，2006.

业街，两边民居的底层通常是商业店铺。

3. 民居平面布局

建筑朝向受气候、风向以及地理人文的影响，一般沿河流发展，朝向交通方便的一侧。小民居的平面大多为方形，底层建筑净高大约在 8—9 英尺，二层的天花相对较高，厕所和浴室被设置在独立的建筑体块中。主入口通往中央会客厅，入口上方覆有二层的木凸窗，客厅处的楼梯为直跑楼梯或者是螺旋形楼梯，在楼梯下的空间用于储藏空间。二层常设有单个大厅，在需要的时候可以通过屏风或者是活动木板隔成三个小房间，这些拱券形的屏风上面刻有精美的几何图案[1]。典型的民居平面为方形，功能空间分布比较均匀，平面通常被分为四个主要部分，楼梯被放置在中央（图 2-6）。对称性对于建筑结构的抗震非常重要，对称性包括建筑平面的对称、质量分布的对称、结构抗侧移刚度的对称三个方面。最佳的方案是使建筑平面形心、质量中心、抗侧移刚度中心在平面上位置统一，这里的传统民居有着很好的抗震性能，不仅因为平面的对称性，结构的稳定性，还有材料的弹性。

有些民居在一层或者二层设置客人的娱乐空间，由狭长的大厅和旁边的走廊组成[2]，大厅饰有华丽的木柱，模板印刷的墙体以深茶色泥石膏为底，镶有蓝色和深绿色边。在大多数民居的二楼上面覆有十字形阁楼，用于储藏，有些民居的屋顶有开敞的方形亭子，或者是覆有金字塔形的屋顶。

一些规模更大的民居或者是贵族民居，也被称为宅邸，有着线性长平面和开敞的院落，两到三层的层高，这些府邸有充足的起居室和卧室。入

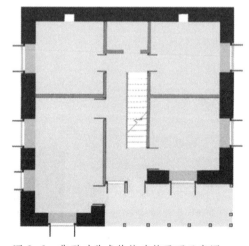

图 2-6　典型对称式传统建筑平面示意图

1 V R Shah, Riyaz Tayyibji.The Kashmir House its Seismic Adequacy and the Question of Social Sustainability[R]. BeiJing: the 14th World Conference on Earthquake Engineering, 2008.
2 Feisal Alkazi. Srinagar: An Architectural Legacy[M]. New Delhi: Locus Collection, 2014.

口被设置在建筑的中央，入口大厅有通往上层的楼梯，楼梯间将内部空间等分为两部分，建筑沿楼梯间对称布置。背面的出挑阳台将各个房间连接起来，并用做走廊空间或者是储藏间。府邸的一层配有独立的土耳其式小浴室，院落中铺有巴拉穆拉石。

直到今天，在克什米尔的乡村民居中，动物活动空间与人居空间仍处于同一层，有利于在漫长寒冷的冬季聚集更多的热量。一层的房间净高较低，墙体厚重，用于冬季活动，一般被分为两个区域：一个区域用于牲畜棚，没有通风设备；另一个区域用于居住、厨房和餐饮间。二层的净高较高，主要用于夏季的活动，在夏季，居住、厨房等活动空间从一层被移到二层或者是阁楼层。

第二节　传统民居建造方式

老城的大部分区域建在冲积土上，土壤松软，因此在建造上部建筑前有必要充分做好下部的基础建设，木桩被设置在石质基座下 30—40 英尺的地方。石质基座为碎石堆砌或者是石块铺设，与桩基结合为统一体，形成稳固基础。斯利那加现存最早的传统民居可以追溯到 19 世纪早期，民居建筑主要由基座、屋身、屋顶构成。基座一般采用石头砌筑，在山坡建筑高大基座中的洞穴被用做储藏间和牲畜房；屋身由达吉—德瓦日体系和安其体系两种结构组成，门窗为木质材料，形式多样，分为凸窗和普通窗，装饰不一，但主要以柄扎热卡日（Pinjarakari）为主；屋顶主要有茅草屋顶及木屋顶。在 20 世纪早期，由于殖民者的影响，新的承重体系取代了传统结构。

1. 抗震结构体系

（1）安其结构

安其结构体系中有成模数化布置的砖砌体支柱，通过布置在窗口和楼层间的水平木拉杆连接成整体，方形砖砌柱宽 1—2 英尺，用于支撑楼板的木梁，两个支柱间的距离大约 3—4 英尺，模数化布置的安其结构决定了克什米尔民居的规模。砖砌体支柱间镶有窗户和麦哈若吉（Maharaji）砖[1]，对称式窗户是此结构的鲜明特点（图 2-7）。麦哈若吉砖的尺寸比较小，长约 6 英寸，宽约 3 英寸，高约 1.5

1　Feisal Alkazi. Srinagar: An Architectural Legacy[M]. New Delhi: Locus Collection, 2014.

英寸，相对于英式砖9英寸×4英寸×3英寸，尺寸较小。麦哈若吉砖块在阳光下自然晾干，然后放入砖窑中炼制而成。1901年后，这样尺寸的砖块在克什米尔谷地中被停止烧制，因此出现了缺少相同样式的新砖修复古民居墙体的窘状。用现代砖修补古民居墙面，砖的尺寸不一，外表不协调。

图2-7 安其结构的民居

起到连接作用的木拉杆是安其结构的重要特征，建筑体所能承载的总的外力就取决于木杆体系和砌块支柱的连接和支撑。如图2-8所示的上下层的交叉木杆体在楼层间地板处的排列方式。楼板搁栅夹在上下并列木杆间，图中央的一圈木板位于窗口上方，起到过梁的作用。在基座与屋身交接处布置相似的喜马拉雅杉木拉杆，阶梯状的木杆体穿插在墙体中，将相互分隔的砌块支柱和隔墙连接为一个整体，防止地基的不均匀沉降或频繁地震作用引起的墙体裂纹，并对侧向力有很好的抵抗作用，此结构体系对于应对土壤松软的谷地地质很有效果。

图2-8 安其结构中木板排列

在巴基斯坦和土耳其也有类似安其结构的建筑。相互交叉的木杆与碎石结合组成墙体（图2-9），上下平行的木杆间隙最大不超过2英尺（图2-10），同一层左右木杆间隙不超过3英尺。木杆与砌块相互连接，组成的墙体至少1.5英尺宽，每间房间进深与

图2-9 类似安其结构的建造方式

面阔不超过12英尺。受到外力作用时，木杆间的砌块变得更密实，具有很好的抗震性能。但是由于墙体自身重量大，建筑层高一般不会很高，内部空间也受到限制。

（2）达吉—德瓦日结构

达吉—德瓦日结构即是在木质框架中填充砖体或者石块，这是一种混合结构，是一种更薄更轻的结构，墙体的延展性能更好，对于地震有更高的阻尼。填充式墙体最早起源于罗马帝国，考古学家在挖掘被火山灰掩埋的赫库兰尼姆城时，发现很多两层的木框架填充式建筑，罗马帝国衰落后，此结构在欧洲民居中逐渐兴盛[1]。Dhajji-dewari 一词源于波斯术语，代表拼接墙的意思，在喜马偕尔邦的古鲁（Kulu）及北阿坎德邦（Uttarakhand）也有这种结构形式。

框架中的木杆间相是互倾斜、垂直或者是水平的关系，组成"X"形或"之"字形等不同的图案。楼板搁栅与安其结构中的构造相似，位于上下并列木杆间，外观形成三明治状，顶层楼板搁栅向外凸出40—50厘米后形成檐口，因此达吉—德瓦日结构是基于木杆系的框架结构（图2-11），在这些结构体系的空隙中填充砌块[2]。此结构的墙体很薄，相对于安其结构节省材料，并且木框架将砖砌墙分割

图2-10　木杆与砌块相互组合的墙体

图2-11　达吉—德瓦日结构

1　Randolph Langenbach. Don't Tear it Down: Preserving the Earthquake Resistant Vernacular Architecture of Kashmir[M]. Oakland: Oinfroin Media, 2009.
2　Feisal Alkazi. Srinagar: An Architectural Legacy[M]. New Delhi: Locus Collection, 2014.

成多个相互独立的面板，在
地震或者其他外力的破坏下，
单个面板的损坏不会牵连到
整个墙体的倒塌，具有很好
的抗震作用（2-12）。这种
结构在克什米尔谷地分布广
泛，尤其是在运输砌块困难的
山区。其窗口大小取决于木框
架的间隔，一般比较小，由于
墙体轻薄，相对于安其结构其
室内空间更宽敞。

图 2-12　达吉—德瓦日结构的民居

达吉—德瓦日结构体系在
地震中相当于减震器。当发生
地震时，框架结构与黏土泥有一定的延展性，即便建筑有一定的摇摆，也不会损坏。
大多数民居将安其和达吉—德瓦日两种结构结合，今天斯利那加仍然有这样结构
体系的民居存在。上层墙体采用达吉—德瓦日体系，墙体相对轻薄，底层采用安
其结构体系，墙体相对厚重。这种设计方法不仅降低了上部荷载，对于水平力也
有一定的平衡作用。

达吉—德瓦日结构在世界范围内都有分布，尤其用于处在地震区中的民居。
2005 年巴基斯坦控克什米尔发生 7.8 级大地震，克什米尔谷地也受到严重影响，
连德里地区都有震感，地震受灾区损失严重。值得庆幸的是，谷地中多数达吉—
德瓦日结构与安其结构类建筑倒塌程度较小，减少了人身财产损失，而周边现代
混凝土结构的建筑倒塌严重。震后，传统结构体系的民居受到印度政府及抗震专
家们的广泛重视，印度相应的建筑规范中开始强调了圈梁及框架体系的重要性。
圈梁的作用在传统民居的结构体系中已被彰显出来，无论是安其结构还是达吉—
德瓦日结构体系，在楼层间排列的一圈并列木杆体系就相当于圈梁，将相互分隔
的片墙连接为一个整体。

2. 墙体

墙体按照建筑材料划分，主要有泥墙、砖墙、石墙、原木墙、砖木混合墙或

者是石木混合墙体，泥墙、石墙以及原木墙主要分布在村落建筑中，《克什米尔谷地》的作者瓦尔特·劳伦斯（Walter Lawrence）曾详细描述过乡村场景："被繁茂的悬铃木包围，种植胡桃、杏树、苹果树等多种果树，有闪烁的溪流灌溉，宛若进入世外桃源。每个民居前面都有布满蔬菜的园地，园地旁边有木质粮仓，外立面与岗亭相似，在底部有空洞用于提取粮食。"民居主要是砖木结构，泥墙以及石墙主要用于院墙上，泥墙上方覆有陶土板并被荆棘覆盖，用于防止雨水的冲刷。在木材丰富的地区采用井干式墙体，运用完整的树干层层搭建房屋。

为了节约木材，大部分民居墙体常采用砖木混合结构。砖为克什米尔谷地中特殊的麦哈若吉砖，当达吉—德瓦日结构的木框架中填充石块时，又组合成了石木混合结构，填充砌块的外表通常被泥土层覆盖（图2-13），而建筑基座或者是多层建筑的一层墙体常采用毛石砌筑。安其结构中的墙体通常为麦哈若吉砖墙或毛石墙（图2-14），阁楼层为木墙或砖木混合的达吉—德瓦日结构墙。总之，民居墙体的类型取决于建筑结构体系与周边环境，因地制宜，本着结构稳定坚固和取材方便。

3. 屋顶

屋顶按照材质分为茅草屋顶和木屋顶，按照形式分为人字形坡屋顶和攒尖屋顶。茅草屋顶大多分布在村落中，用于民居及粮仓顶部，其中粮仓主要采用攒尖顶，屋面被稻秆覆盖，稻秆被认为是最好的防雨保温材料，而在河流湖泊附近的民居

图2-13　砖木混合墙体

图2-14　砌砖墙体

就地取材运用芦苇（图 2-15）。靠近山体
的建筑，由于木材取材方便，屋顶常覆以
杉木瓦片，密实性好，对屋面和墙体有保
温隔热的作用。喜马拉雅杉还具有很好的
防水作用，在飓风中有很好的刚性，在暴
雨中又显示出很好的弹性[1]，是良好的屋面
材料。

　　城市民居屋顶主要采用木板铺设，木
板由檩条承重，根据结构体系的不同，檩
条分别支撑在砖砌支柱或者是砖木结构的
墙体上。屋架上覆盖防水性喜马拉雅松木
板，木板上方再加一层桦树皮作为防水材
料，桦树皮上由特殊的泥土层覆盖，用于
固定桦树皮的位置。泥土上植有郁金香和
百合花，在春夏季节花朵盛开的时候，为
城市带来独特的风景[2]（图 2-16）。但在
20 世纪初，这种独特的屋顶结构逐渐被瓦
楞铁皮屋顶替代，虽然瓦楞铁皮相比于传
统屋顶减少了很多维护工作，但却丧失了
传统屋顶的视觉效果。

图 2-15　芦苇屋顶

图 2-16　传统长有花草的木瓦屋顶

第三节　传统民居构件装饰

　　谷地传统建筑元素的装饰大体一致采用木条组合的格栅结构（Pinjarakari）、
百叶窗、丰富的木雕框架以及悬挂装饰物和木雕版。在许多大型的传统民居中，
顶层天花下有拱廊，天花支撑在木柱列上。与墙体平行的四面拱廊围合出矩形空
间，高度通常比周边空间低。

1（美）特里·肯尼迪.屋面施工速查手册[M].郭小华，陈琪星，译.北京：中国建筑工业出版社，
2007.
2 Randolph Langenbach. Don't Tear it Down: Preserving the Earthquake Resistant Vernacular
Architecture of Kashmir[M]. Oakland: Oinfroin Media, 2009.

1.门窗

门窗全部为木质，有着丰富的木雕刻，雕刻图案以植物花纹为主。窗户分平窗和凸窗两种，平窗按照造型分为矩形窗（图2-17）、马蹄形尖券窗（图2-18）和拱形窗。除部分方形小窗外，大部分窗宽为3—4英尺，窗高是宽度的1.8倍左右，可开启窗扇的下方有固定花纹挡板；窗扇通常为双层，外层窗扇饰有木格栅向外开启，内层窗扇通常为实木向内开启，有隔风的作用。凸窗是谷地民居鲜明的特征，通常与安其结构相结合，按照形状划分有矩形凸窗（图2-19）和多边形凸窗，凸窗宽度也在3—

图2-17 矩形平开窗

4英尺左右，位于相邻砖砌支柱之间。木楼板下向外突出的原木支撑凸窗，或者是木斜撑结合原木共同支撑凸窗，木斜撑上雕刻精美的植物花纹。凸窗上通常装饰拱券形窗框，券顶被多个弧形划分，窗框内镶嵌木格栅或可移动木板。

入口木门通常为双扇，双扇门宽1.2—1.5米，高1.8—2.0米，门板上装饰花卉雕刻或者是木杆围合的花纹图案，木门槛比较低，门框层层内缩，木浮雕丰富，门扇两侧饰有壁柱（图2-20），有的柱身被重复的几何图形装饰。门口正上方装钉着刻有植物图案的木板，象征了吉祥平安。室内木门装饰简洁，通常为矩形或

图2-18 尖券形平开窗

图2-19 矩形凸窗

图2-20 入口木门装饰

者是拱券形。

门窗上的雕刻以克什米尔谷地中的植物图案为主，以葡萄、梧桐、松果、花卉最为普遍（图2-21），兼几何图案共用。这些图案通过浮雕的形式装饰在门扇、门框、窗框以及多层民居中的安其结构中。楼层间墙体上的木横梁上也有丰富的浮雕，以植物花卉为母体，重复的图案围绕墙体一圈[1]。

2. 天花

通过楼板搁栅形成的棋盘式图案构成质朴的天花，在楼板搁栅下方挂木板形成几何平面，几何平面的天花板上装饰木条组合的图案，这些图案由技术精湛的木匠通过榫卯结构将松木条连接成整体，这种装饰手法被称为坎坦坂（Khatamban，图2-22），由米尔扎·海德尔·杜格拉特（Mirza Haider Dughlat）引进过来[2]。除了克什米尔谷地中运用坎坦坂装饰方式，土耳其也有采用，被称为昆德·拉日（Kunde Kari），只是克什米尔谷地中被用于天花，而在土耳其被广泛用于门窗以及嵌板中。

图 2-21　葡萄、松果雕刻图案

在15世纪的仁武阿比丁时期，混凝纸装饰艺术从中亚和波斯传入克什米尔。混凝纸由纸浆制作，待纸浆制作的模型干燥后，工匠在平整的模型表面用涂料绘制精美的设计图案，有些民居中保留了原有混凝纸装饰的天花。这种装饰手法常被用

图 2-22　坎坦坂天花

---

1 O C Handa. Himalayan Traditional Architecture[M]. Delhi: Rupa.co, 2009
2 Feisal Alkazi. Srinagar: An Architectural Legacy[M]. New Delhi: Locus Collection, 2014.

于天花和木柱表面，以及门窗的嵌板上，但只局限于上层社会的民居以及宗教建筑中。这种艺术被分为两类：一种用于抹灰墙和天花板中，在光滑的表面上绘制精心设计的油漆图案；另外一种用于涂有泥浆石膏的墙体上，在图案的外轮廓有石灰质的模板印花，印花涂有蓝色或绿色的植物颜料。

3. 室内隔断

室内隔断按照材质主要划分为砖木混合隔断和木隔断，砖木混合隔断通常采用达吉—德瓦日结构，在木框架中填充砌块，此体系自重较轻，适用于隔断墙，木杆间不同的组合方式构成多种图案："X"形、"之"字形、大小不一的矩形、五角形等，以美化室内空间。有的墙体上覆盖一层厚厚的灰泥，工匠在灰泥表面上描绘尖券壁龛外轮廓，使之与厚重外墙上的预留壁龛相呼应。在安其结构的室内，壁龛式壁橱分布广泛，楼梯间、厨房或者是卧室侧壁都可以看到它的身影，通常为尖券形。这些壁龛在用于摆设或储藏物品，点缀室内环境的同时也节约了室内空间。

木隔断除了实体木板隔断外，券柱式隔断常见于大型民居的公共活动空间中，在乡村民居的底层牲畜中间也有运用，起到半隔断的作用，形成券廊，将大空间划分为相互联系的小空间。马蹄形尖券、弓形券为主要发券类型，券顶被多个弧形划分，形成传统建筑中的鲜明风格（图 2-23）。少数民居的木柱采用混凝纸装饰艺术，形成多彩的装饰效果。总之，隔断装饰简洁大方，雕刻相对门窗较少，但与周边墙壁相协调，室内空间装饰完整统一。

图 2-23　拱券式隔断

第四节　传统民居实例分析

安其结构和达吉—德瓦日结构是克什米尔谷地的典型传统建筑结构，在斯利那加城中分布广泛。斯利那加市建于公元前 2 世纪，有着悠久的历史。600 多年前城市开始沿杰赫勒姆河两岸发展，河流两岸分布着许多有着几百年历史的传统民居。

1. 安其结构类民居

安其结构的民居大多为对称式，交通空间位于建筑的中央，外立面规整，对称布置的凸窗是其显著特征。通过砌筑支柱承重，支柱宽 50 厘米左右。相邻支柱间的距离较近，因此整体用材多，底层厚重的支柱与不同高度的木杆体系相互连接。这些木杆通常用做门窗上的过梁，木材在转角处的应用对于建筑的坚固性很重要，转角处相交的砌筑体在水平力的作用下容易分散，而木杆的连接有稳定墙身的作用。抗震专家研究发现，安其体系的阻尼是混凝土的 4—5 倍，由于阻尼的增加，建筑结构消散外力的速度也就提升，抗震性能提高。

图 2-24 所示安其结构的民居位于杰赫勒姆河畔，共有四层，北隔院落与杰赫勒姆河相临，南侧为繁忙的集市街道，靠近街道的底层空间为商店。民居主入口位于东侧通往入河台阶的人行街道上，进入院落后沿入口台阶进入中央休息区，这里有通往二层的直跑楼梯，休息区左右侧为多功能房间。由于安其结构由支柱承重，支柱间的隔墙厚度较薄，隔墙上通常设置对称式木窗，并且开窗面积大，若支柱间为封闭式隔墙便形成封闭的壁橱，用于放置物品，有利于节约室内空间（图 2-24）。民居主人坐在二层的窗前透过格栅式外窗可以眺望到沿河风景，二层北侧对称式布置三个矩形凸窗，丰富外立面。每个凸窗面宽与相临两支柱间的长度相同，向外出挑 1.5 米左右，通常位于重要空间中，一般用于储藏或者作为盥洗室。向外出挑的楼板搁栅和木斜撑共同支托凸窗，凸窗三面为木格栅窗，顶部有木瓦斜屋面（图 2-25）。

一层到三层的西墙面上形成多个矩形壁橱，这是安其结构类民居室内的一个

图 2-24 安其结构民居一层平面

图 2-25 安其结构民居二层平面

特色。三层砌块支柱与二层相对应，横向支柱间设置楼板木梁，梁上排列纵向的楼板搁栅，搁栅上方再铺木板，楼层间围绕墙体的一圈交叉木杆有圈梁的作用，将相互分隔的墙体连接为一个整体（图2-26）。三层楼梯间北侧有矩形凸窗，和二层的凸窗对应，楼梯间西侧房间为公用活动空间，中间设置券柱式木隔断，东侧房间为卧室，南侧有通往四层的旋转楼梯（图2-27）。四层墙体间的砌块支柱较底层小，宽40厘米左右，上层较轻的自重及对称式的空间布局有利于建筑的稳定性。四层空间为夏季活动空间或者是储藏空间，北侧设置矩形凸窗，位置与三层相对应。北侧向外出挑的线性阳台与凸窗相连构成整体，四层出挑的楼板搁栅和木斜撑共同支托阳台与凸窗。

图2-26　安其结构民居简易木结构体系

安其结构民居的屋顶通常为人字形坡屋顶，屋顶侧面填充木板或者是格栅式木窗，利于夏季通风。三角形屋架从东西侧山墙上沿纵向支柱等距离排布，屋架斜梁上排列檩条。传统民居中檩条上方依次布置椽子、望板、

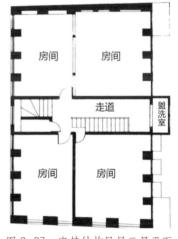

图2-27　安其结构民居三层平面

黏土层、松木瓦或者是防水桦树皮，但是这种屋顶需要频繁的维护，因此逐渐被瓦楞铁皮层替换，以节约材料和人力。但由于刚性的瓦楞铁皮间没有预留缝隙，丧失了传统屋顶的弹性和延展性，影响了房屋抗震性能。

2. 达吉—德瓦日结构类民居

达吉—德瓦日结构的民居由于所需建材较少，并且有很好的抗震性能，在克什米尔谷地中分布广泛。与安其结构民居相似，为了增强房屋的抗震性，此类民居的空间布局常采用对称式构图，交通空间位于建筑的中央位置。其墙体较薄，根据墙体木框架的排列方式不同，形成不同的外立面，通常为矩形排列。楼层间

墙体上的交叉木杆体系与门窗洞口上方的木杆相互平行，它们如同圈梁般环绕建筑一圈，与竖向的木杆垂直，形成大小不一的矩形框架。在框架中均匀布置窗洞，形成规整的外立面，填充体外表面上涂有黏土，防止雨水对墙体的冲刷（图2-28）。除此之外，出挑封闭式外阳台是此结构体系民居的另外一个重要的特征，外墙上设置可开启式木窗，阳台支撑在凸出的楼板搁栅和斜撑上，在室内通常用做走廊空间或者是储藏间（图2-29）。屋顶构造与安其结构相似，采用人字形坡屋顶，受力于三角形木屋架上，山墙上方的屋架填充木格栅或者是开敞，利于夏季通风。

图2-28所示达吉—德瓦日结构的民居共三层，位于杰赫勒姆河北岸，层高2.6米左右。南侧紧靠水面，建筑基座高出水面6米左右，北侧隔私家院落与集市街相临，院落入口位于东侧的巷子，此巷通往入河台阶。通过院落内入口台阶可进入室内，由于不受厚重墙体的限制，房屋内部空间布局更灵活。建筑中央设置通往二层的楼梯间，楼梯正对入口，西侧为多功能房间，南侧空间为厨房，除西墙外，其余墙体均设置窗户（图2-30）。

通过旋转楼梯进入二层和三层房间，室内空间布局灵活，东侧向外出挑线性阳台（图2-31、图2-32），外墙上设置对称式拱券窗，扩大室内空间的同时丰富了建筑立面。阳台支撑在木斜撑和外凸的楼板搁栅上，在室内用做走廊空间。房间木地板搭建在楼板搁栅上，木搁栅夹在上下并列的木杆之间，不同方向的木杆相互连接为一个整体，并在建筑转角处增加木杆数量，增强建筑的延展性。当房屋遇到不均匀沉降或者是强烈地震时，木框架体系中的砌块散落，但不影响整

图2-28　规整外立面

图2-29　出挑阳台

个建筑的木框架结构。

人字形坡屋顶的屋架较高，在室内形成阁楼空间，用于冬季储藏和夏季乘凉。三角形木屋架沿南北向墙体等距离布置，屋架梁上依次设置檩条、木板、桦树皮。桦树皮具有很好的防水作用，大小均匀的桦树皮如同木瓦般层层叠加在一起，上面覆盖黏土层。

3. 安其结构与达吉—德瓦日结构相结合类民居

安其结构与达吉—德瓦日结构相结合时，厚重的安其结构在底层，较轻的达吉—德瓦日结构在顶层。底层砖砌柱支撑楼板梁，顶层墙面运用木框架中填砖的形式。任意两层交接处采用平行咬合的木杆，楼板搁栅穿插在上下并列的木杆之间，并支撑在楼板梁上，楼板梁与墙体上交叉的木杆相连，形成抗震体系。建材主要采用传统麦哈若吉砖，也有后期添加的现代砖，两者尺寸有一定的差距，除此之外就是木材以及材料间相互黏合的黏土和石灰。屋顶为典型的人字形坡屋顶，

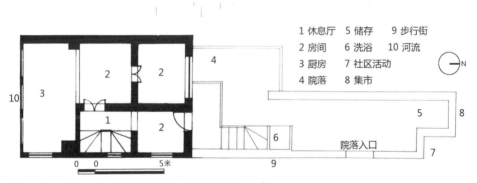

1 休息厅　5 储存　9 步行街
2 房间　6 洗浴　10 河流
3 厨房　7 社区活动
4 院落　8 集市

图 2-30　达吉—德瓦日结构民居一层平面图

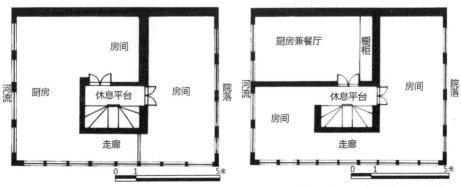

图 2-31　达吉—德瓦日结构民居二层平面图　图 2-32　达吉—德瓦日结构民居三层平面

坡度缓和，有的民居中屋顶有突出的凉亭和老虎窗，檩条架在屋架斜梁上，屋面放弃了传统木瓦，采用瓦棱铁皮。很多传统结构的民居由于后期缺乏修复及保护，传统构件损坏后开始被摒弃，或者是直接运用现代材料替换，很容易失去原有古典风格和结构体系。

图2-33所示混合结构的民居位于维瑞纳附近的农村，建筑位于平坦的山地上，西南朝向，连同阁楼层共三层，地下两层为安其结构体系，阁楼层为达吉—德瓦日结构。一层层高较低，墙体为厚重的石墙，有利于冬季保暖，通往二楼的楼梯正对房屋入口，将一层空间等分为两部分，西侧为牲畜间、厕所和储藏间。厕所及牲畜间的粪便通过北侧墙体上的窗口运输到室外。东侧为冬季卧室，一方面由于墙体厚实和层高较低，防风防寒性强，另一方面可以利用牲畜产生的热量共同抵御寒冷。在农村的大多数民居中，冬季卧室设置在牲畜间旁边的情况很普遍（图2-34）。

二层的内部空间同样被楼梯间等分为两部分，西侧为面阔相等的厨房和卧室，东侧为卧室与公共活动空间，中间由木券柱式隔断，两个分隔开的空间又相互联系，除西墙为实墙外，其余三面均设置窗户，且窗户沿中轴线对称（图2-35）。二层外墙为安其结构的砖墙，砌块支柱与一层相对应。一层入口两边的砌体柱上有纵向短木梁，东西向横木梁一边支撑在砌体柱上，一边支撑在纵向木梁上，南北向的

图2-33　一层室内

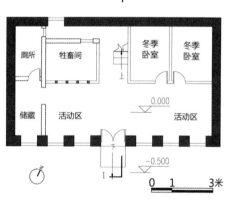

图2-34　一层平面

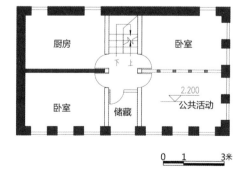

图2-35　二层平面

楼板搁栅架在墙体上的平行木杆之间，并支托在横木梁上，楼板搁栅上再搭木地板，形成二层的楼地板。此楼板结构与其他安其结构相似，不同之处在于多两根纵木梁，一般民居为了节约建材，木梁直接支托在柱距小的支柱上，而此民居选择柱距大的东西向砌体柱，因为距离较远便多出两处南北向衔接木梁。

图 2-36　阁楼层平面

　　二层楼层较高，通往阁楼层的楼梯采用四跑梯，螺旋状向上行走，在北侧墙体上设置方形小窗，用于楼梯间的通风采光。阁楼层有向外凸出的老虎窗，墙体采用较轻的达吉—德瓦日结构，木框架体系中填充砖块，内部空间主要用于夏季卧室和储藏，东西侧木框架墙体上预留矩形窗，利于夏季通风（图 2-36）。屋顶为人字形坡屋顶，三角形木屋架支撑在山墙上，屋架斜梁上排列檩条，檩条上铺设瓦楞铁皮（图 2-37）。

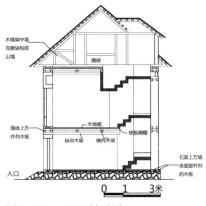

图 2-37　1-1 剖面图

第五节　受殖民文化影响的传统民居

1.克什米尔谷地殖民时期的印象

　　1850 年后，克什米尔附属于英国殖民者。英国殖民者有着不同的世界观，开始打破原有的布局规划，强调建筑整体风格以及空间关系，印度建筑体系开始发生变化。在克什米尔的部分城市中，简单立面的临街殖民建筑取代了有着华丽的书法装饰、蔓藤花纹和几何图案的印度—伊斯兰风格。

　　从 1850 年开始，公共工程处（Public Works Department）掌管整个印度的政府建设。1871 年，一个特殊的皇家工程学院被创建，主要用来为公共工程处培养工程师，这些工程师在政府建筑中处于主导地位，印度大部分的政府建筑由这些工程师设计

和建设 [1]。直到今天，公共工程处在整个印度的政府建筑中仍处于主要地位。斯利那加的多数建筑建于道格拉时期，由公共工程处的英国工程师与结构师指导建造，这些建筑在外部风格上几乎没有当地的特征，而克什米尔的独特风格仅仅体现在室内。

英国殖民政策改变了印度的景象，马德拉斯、孟买、加尔各答三个沿海城市被英国殖民者作为用于掠夺物资的港口，并不断被扩大发展，后来成为世界知名的殖民城市。以类似的方式，英国人寻找丘陵山地并将其发展成避暑胜地。大量的山地避暑站出现在印度的四面八方：南部的乌蒂（Ooty）、孟买附近的马哈巴莱斯赫瓦尔（Mahabaleshwar）和潘奇加尼（Panchgani）、加尔各答不远处的大吉岭（Darjeeling）以及德里附近的穆索里（Mussoorie）、达尔豪西（Dalhousie）和奈尼塔尔（Nainital）等地，而克什米尔谷地的斯利那加市，以及帕哈干和古尔马尔格（Gulmarg）一带环境优美的地区因夏季气候湿润凉爽更加吸引殖民者。

英国人的山地避暑点旨在再创造英格兰的事物，比如建筑样式、家具以及食物。这些站点一方面成为他们的第二家乡，另一方面也是英国政府控制边境的军队驻扎地，集休养地、社会文化中心和经济生产于一体。谷地中靠近避暑点的乡村聚落受到殖民文化的影响，民居及沿街商业建筑开始植入欧洲风格。

道格拉时期在克什米尔谷地，欧洲风格的建筑开始被建设，大学、工厂以及医院按照西方模式建造，阿玛辛格大学（Amar Singh College）和珊葛日综合区（Shergarhi Complex）就是这个时期的典型实例。线性外长廊、八角形或圆形尖角式的城角塔、三角形山墙和老虎窗以及高窄烟囱组成了这个时期的主要建筑风格。同时，殖民时期的建筑也吸收了当地建筑的风格，今天在斯利那加城中仍然可以找到集欧洲风格和传统风格于一体的民居。

殖民者利用西式建筑创造了一个西式环境，印度人被带入欧洲人的思想教育、司法、行政甚至邮局和电报系统。印度学生学习英语版莎士比亚，在西式建筑中上课，在西方的司法体系下受理裁判，殖民主义思想通常在建筑方面表现得最完全。从表面上看，殖民者已经控制了大量建筑内的活动，但是英国人在建筑的建造上还要求助于印度工匠。一方面，印度的建筑建造和家具的风格以及工具的使用与英格兰的传统工艺有相像之处，但英格兰由于工业革命的快速扩张，一些传统技术已经丢失，但在印度仍能见到；另一方面，本地工匠对当地的地理风貌及建筑构造更熟悉，而且这里的体力劳动者更容易获得。

---

1 Feisal Alkazi. Srinagar: An Architectural Legacy[M]. New Delhi: Locus Collection, 2014.

2. 受殖民文化影响的民居风格

殖民时期的民居在风格上一方面受到传统民居的影响，另一方面采用欧洲风格影响下的形式，大部分民居是两者的综合体，但以传统风格显著。欧洲风格主要是盛行于当时英国的新古典主义风格和哥特式风格，也有与印度大陆建筑相结合产生的外廊式风格[1]。新古典主义建筑的主要特征是构图规整，设计元素重复，下层用重块石或划出仿石砌的线条，正面檐口或门柱上往往以三角形山花装饰；哥特式风格主要体现在尖券式门窗上，表现向上发展的动感；外廊式风格产生于殖民文化与印度本土建筑间的交流过程中，外廊是指建筑物外墙前附加的自由空间，也称门廊或连廊，主要运用在沿街建筑上，底层设置半开敞的连廊空间用于商业交易。

殖民时期的民居从建筑设计要素上讲，采用线性排列窗户、老虎窗、三角形山花、角塔（图2-38）以及烟囱等多个欧式建筑元素与传统凸窗、外挑封闭阳台以及印度伊斯兰式拱窗相结合的形式，结构上采用框架结构及谷地传统结构相结合的体系，楼层交接的外表装饰叠涩砖，建筑整体采用砖墙承重，木材主要用于凸窗、门廊及屋顶处。门窗样式主要为拱形，窗间墙为券柱式或壁柱式，也有典

图 2-38　民居中的八边形角塔及老虎窗

图 2-39　哥特式窗户

1 马从详. 印度殖民时期建筑研究 [D]. 南京：南京工业大学，2014.

型的哥特式风格窗户（图 2-39），沿街民居立面重复采用拱券装饰的门窗以及人字形屋顶，入口处一般会形成门廊空间，门廊上方的三角形山花与屋顶交叉，在别墅中形成高低起伏的坡屋顶结构。

3. 殖民风格与传统风格相结合的民居建设

（1）瓦吉尔住宅

瓦吉尔（Vakil）住宅位于斯利那加市的杰赫勒姆河北岸，位于赞讷·凯达尔（Zaina Kadal）古桥旁边（图 2-40）。杰赫勒姆河上共有 10 座桥梁将河流两岸生活联系起来，其中 7 座为传统木构架桥梁，赞讷·凯达尔古桥就是古桥之一。原桥梁支柱为松木层层叠加成的倒梯形，支柱间发券高，远观十分壮观，经过修整后的木桥用材量很少。

瓦吉尔住宅南侧隔院落与杰赫勒姆河相邻，北侧为集市街，东侧为通往沿河台阶的狭窄小巷，巷子连接北侧的集市街和南侧的河流，住宅入口位于巷子西侧，通过院落空间进入室内。建筑的空间设置与传统建筑形似，采用对称式布局，主入口及楼梯间位于建筑的中央，有利于房屋的抗震性。

此住宅共四层，层高在 3 米左右，建筑功能兼纺织品展览和住房于一体。底下三层为住房，顶层为展览用房，外观恰当地运用了传统和欧洲两种风格。底层

图 2-40　赞讷·凯达尔木构架桥

开窗较少，用于冬季防风保暖，二层采用弓形券窗，三层为半圆形券柱式窗户，四层不同于其他两层采用哥特式尖券，尖券间有柱子支撑。四层南侧共有13个券洞，中央及两边对称布置3个大券，其他三面为尖券窗。各层拱券窗沿中央对称，连续的券柱式窗户将建筑包围。三层中央有外凸阳台，阳台两侧正下方的二层有木凸窗，凸窗及阳台上的传统开窗方式被新的铝合金推拉窗替代，与周边传统民居的风格相悖。坡屋顶南侧对称布置三个老虎窗，中央

图 2-41　瓦吉尔住宅

图 2-42　阿迪勒别墅入口

设置传统的开敞式方亭，两种风格融洽地结合在一起，丰富了屋顶效果，屋架两边对外开敞，有利于顶层空间的通风（图2-41）。

建筑结构采用传统安其结构，楼层转换间设置平行木杆体系，楼板梁支撑在支柱上，楼板搁栅置于并列木杆间并支撑在楼板梁上，搁栅上铺设木地板形成楼地板。屋顶采用桁架支撑，覆有瓦棱铁皮，两边对外开敞，用于散热。

（2）阿迪勒别墅

阿迪勒（Adil）别墅位于环达尔湖公路边，入口在南侧，隔环湖道路与达尔湖相望，周边设有广场，现被用于停车场。建筑因发生过火灾而被损坏，但整体格局仍存在。

别墅由三个体块组成，包括东西侧体块和中央体块，每个体块都有三层。中央体块的东西向屋顶将三个体块连为整体，共同构成方形平面，建筑沿东西向和南北向轴线对称。入口在南侧，门廊上方屋顶有突出的三角形屋顶（图2-42），

中央体块为纯木构架，左右体块的底部两层在中央有木质矩形凸窗，上方覆有坡屋顶，檐口饰有木挂落。东侧体块的屋顶上方有三个砖砌烟囱突出，东立面和西立面的中央各有一个凸出三角形山墙（图2-43），在山墙的下方两层饰有六边形木质凸窗。

建筑采用安其结构与达吉—德瓦日结构相结合的结构体系，建筑基座外部画出仿石砌的线条，建筑楼层间有出挑叠涩砖作装饰，覆盖外露的楼层间木杆。人字形屋顶垂直相交，采用木桁架支撑屋面荷载，屋架斜梁上平行排列木檩条，檩条上铺有木板，最外层覆有瓦楞铁皮。紧接屋顶的山墙与木屋架组成达吉—德瓦日结构，这里也体现了欧洲建筑师善于利用本土建筑的一面。在每个外凸的山墙上方都设有圆形孔洞，洞口被竖向的木杆穿过，洞口外缘饰有砖砌花瓣形状。窗户为简洁的矩形，外缘有砖砌拱形券。

（3）受殖民避暑点影响的马特坦民居聚落

马特坦村落位于斯利那加东南，处在安南塔那加市与帕哈干风景区之间。东侧紧靠山坡，呈东北西南带状布局，西侧有源自帕哈干山谷的湍急河流，注入西南侧的杰赫勒姆河。通往帕哈干风景区的主要交通干线从它的西侧向北延伸，此区域是通往帕哈干风景区的必经之地，而帕哈干是英属殖民时期的主要避暑驻扎点。受到周围殖民避暑点的影响，古村中很多民居在采用传统建筑风格的基础上引入欧式设计元素。村中有支流穿过，在尽端形成蓄水池，池中分布棋盘式喷泉，泉水四射，与河流平行的道路是主要的机动车道路（图2-44）。道路尺寸较大，约为两侧建筑平均高度的1.5倍，两侧建筑受欧洲风格的影响明显。沿河流的街

图2-43　阿迪勒别墅西立面

图2-44　马特坦古村卫星图

巷及与河流相交的巷子尺寸较小，为人行道或者单车道，两侧分布多层传统民居。

主干道两侧的古民居在一定程度上受到殖民文化的影响，主要体现在建筑用材、建筑结构、立面装饰和空间布局上。建材中的砖体弃用传统的麦哈若吉砖，改用大尺寸红砖；建筑结构为框架结构与传统木构架结构相结合；立面窗间墙大多为壁柱式，成线性排列；底层沿街建筑普遍是商住类建筑，底层空间为商业，利用二层的外廊在底部形成半开敞的外廊空间（图2-45），外廊空间是受殖民文化影响的显著特征，在克什米尔谷地的传统建筑中很少见，上部为住宅空间，最上层为阁楼，凸窗与外廊相结合，屋顶采用四坡顶，木屋架承重，顶部覆有瓦棱铁皮。

图2-45 主街道边的商住类建筑

与主要街道相连的巷子保留了原来状态，铺有石片，宽度较窄，有的只能两人并排走。巷子中有清澈的溪流穿过，溪水可以到达每户人家。巷子两边的建筑一般为三层，使得空间

图2-46 马特坦窄巷

感觉比较狭窄（图2-46）。两侧古民居采用安其系统与达吉—德瓦日系统相结合的结构，基座为石头砌筑，底层的层高较小，且门窗较少，封闭性强，一般用于牲畜房或者是冬季居住，顶层有出挑的凸窗或者是阳台，主要用于夏季。

顺着窄巷进入村中，内部河流两边矗立着多处殖民时期废弃的别墅。这些建筑有一百多年的历史，规模不大，但是融合了多种建筑风格。面向河流的木凸窗、突出于屋顶的老虎窗以及入口门廊组成别墅的主要外部特征，凸窗通过

传统的斜支撑和外凸的楼板搁栅支撑,体现了传统建筑的优越感,即便受到文化的冲击,仍然保留了其优秀的结构体系(图2-47)。除此之外,这个时期很多建筑的老虎窗开窗面积很大,老虎窗与门廊上方的凸窗或者是外挑阳台连接为一个整体,自上而下有着统一的立面构图,提高了建筑的挺拔感,形成视觉焦点。

4. 船屋类民居

在道路体系未完整前,水路是克什米尔谷地的主要交通路线。每天行驶在河流中的船舶成为居民主要的交通工具,人们通过船只进行农产品的运输与交易,杰赫勒姆河沿岸因此成为繁忙的交易场所。沿河台阶边通常停靠多艘船只,大多数为开敞的贸易船,还有一种就是船屋(图2-48)。船屋是低收入家庭的住所,被当地人称为 Doongas,通常为单层,

图 2-47　村中废弃别墅

图 2-48　杰赫勒姆河边停靠的船屋

较高收入的家庭建成两层。船上线性排列几个房间,除了尾部厨房外,其他房间功能多样,晚上用做卧室,白天可以用于储藏贸易品。在木框架中镶嵌木板构成简单的墙体,屋架为简单的人字形木构架,屋面铺设木瓦。有些屋顶与屋脊间通过铰链连接,可以通过木杆支撑檐口将屋顶掀开一部分,有利于冬季采暖时向外排烟。

19世纪中叶,克什米尔谷地进入道格拉统治时期,而主要行政大权沦入英国殖民者手中,大量的欧洲殖民者进驻谷地。但是英国人不能拥有克什米尔的土地

所有权，船屋成为普通殖民者的唯一住宿方式。船屋内部功能及外部装饰在原基础上开始复杂化，马丁·凯那德在1918年建造了著名的两层楼船屋，被命名为"胜利号"。该船屋采用传统的桃木雕刻技术，将内部空间打造得富丽堂皇，并成为英国人效仿的对象[1]。英国人使用的船屋大多固定在达尔湖湖畔，规模较大，内部功能完善，建材主要是喜马拉雅松木或胡桃木，人字形坡屋顶。如今，用于贸易和居住的传统船屋已经不多，大多数船屋并排停靠在达尔湖浅水区，主要为游客提供住宿，成为达尔湖上靓丽的风景线。船屋与陆地间通过小船联系，船身雕刻丰富，檐口通常有精美的木挂落，大多数船屋改坡屋顶为平屋顶，为旅客提供观光平台（图2-49）。

图2-49　达尔湖上的船屋

小结

本章主要论述了克什米尔谷地的传统民居和受殖民风格影响的民居建设，由于缺乏更详细的测绘资料，只能从形式上和构造上简要分析建筑特点。本章的重点落在传统民居建设上，传统民居发展时间长，特点鲜明，并对神庙建筑的建设有着重要的影响，除此之外，它成熟的抗震结构体系对于地震多发地区的建设也有着重要意义。

---

1 Feisal Alkazi. Srinagar: An Architectural Legacy[M]. New Delhi: Locus Collection, 2014.

谷地四周山地盛产喜马拉雅松，松木密实，具有很好的防水性，并且取材方便，传统建筑多采用木材建设。根据资料介绍，最初木材很丰富，整个建筑采用井干式建造方法，房屋全部由木材搭建起来。随着木材的减少及建造技术的提高，出现安其结构和达吉—德瓦日结构，这两种结构都是砖木或石木混合体，具有很好的抗震性能。达吉—德瓦日结构体系并非克什米尔谷地独有，在世界范围内尤其是欧洲地区都有分布。此结构简单地讲就是在木框架中填充砌块，木框架由原木或木杆相互交叉组成矩形、"之"字形、"X"形等，在木杆体系中预留出窗户位置，其余空隙填充砌块。此结构的墙体轻薄，所需砌块材料少，常见于山地中运输不方便的地区。安其结构在巴基斯坦、土耳其及谷地南部的喜马偕尔邦民居中也有分布，只是建造方式及结构体系相似但不完全相同。谷地中的安其结构运用模数化布置的砌块支柱承受主要荷载，支柱间的墙体大多为砖砌墙，砖墙与支柱间留有一定的缝隙，通过门窗洞口及楼层间的木杆体系连接成一个整体。楼层间墙体上方的木杆组合体与楼板搁栅连接，在墙体转角处增加木杆数量，有利于缓解不均匀沉降导致的墙体裂缝。除此之外，民居基座与墙体间也布置一圈木杆组合体，安其结构中的木杆体系就如圈梁一样将整个民居牢固地连接在一起。民居无论采用安其结构还是达吉—德瓦日结构，屋顶都采用统一的人字形坡屋顶，传统坡屋顶比较独特，屋架斜梁上依次设置檩条、木板、木瓦、防水桦树皮、泥土层，泥土层上通常种植少量的百合花，在夏季形成独特的风景线。

除了两种抗震结构体系的民居外，还有沿河流及湖泊停放的船屋，传统船屋为低收入家庭的住房，兼商品贸易与住宿之用，多数为单层木构架，少数为两层。英属殖民时期，谷地受到殖民文化的影响，传统建筑在造型及构造上发生小的改变，高大老虎窗、烟囱、三角形山墙装饰及塔楼等构成主要的民居特征，船屋被西方殖民者加以改造，并成为他们暂留谷地的住房。船屋装饰精美，采用当地胡桃木建造，内部房间宽敞明亮，原单层船屋发展成两到三层，如今达尔湖畔的船屋成为当地一道靓丽的风景线。

表 2.1　谷地传统民居类型

民居类型	地区分布	民居特征	风格元素
安其结构类民居	谷地平原地区	多层单体式民居，人字形坡屋顶；立面规整，门窗沿中轴对称；墙体厚重，砌块支柱与木杆体系共同承重；楼梯间将内部空间等分	麦哈若吉砖砌筑墙，对称布置的木凸窗，排列整齐的矩形窗或拱窗；有些屋顶设置开敞式方亭或通风窗
达吉—德瓦日结构类民居	谷地周边山地地区	多层单体式民居，墙面由相互垂直或斜交的木杆划分，构成不同的图案，墙体轻薄；窗户排列在木杆框架中；楼梯间将内部空间等分	线性排列的封闭式外挑阳台；有些屋顶设置小的通风窗口
安其结构与达吉—德瓦日结构相结合民居	谷地平原地区	多层单体式民居，底层采用安其结构，墙体厚重，顶层运用达吉—德瓦日结构，墙体轻薄	对称布置木窗；凸窗与外挑阳台相结合
受殖民文化影响的民居	斯利那加市、帕哈干及古尔马尔格避暑点周边地区	运用谷地传统结构体系，添加欧洲建筑流行的元素	三角形山花装饰；哥特式窗户；高大老虎窗
船屋类民居	达尔湖及杰赫勒姆河沿岸	与船舶结合，单层或多层木构架建筑，空间简洁流畅	装饰精美，采用胡桃木雕刻；坡屋顶或平屋顶

第三章 克什米尔谷地宗教建筑

尽管克什米尔谷地位于隐蔽的山区中，但是伊朗以及古犍陀罗的文化风潮还是吹进谷地中，影响了它的建筑风格。在 14 世纪之前，克什米尔主要经历了早期佛教文化时期和古典印度教时期（前 1700—1300 年）[1]，14 世纪之后进入伊斯兰时期，在前一时期修建了大量窣堵坡和佛院，只是遗留下来的建筑很少，基本上只剩遗址与佛教雕刻作品。印度教作为最古老的宗教，在 14 世纪以前印度教神庙的建设从未停止过，寺庙建设的伟大年代始于 8 世纪拉里塔迪亚君主，他们在峡谷中修建了大量印度教寺庙。这些寺庙精錾细凿，用石块垒砌而成，这场运动持续了将近两百年。14 世纪之后的伊斯兰神殿建材主要采用木材，建筑风格受印度教神庙影响，屋顶采用金字塔形。

在印度的多种建筑风格中，克什米尔的建筑最接近希腊—罗马风格，这种古典性质源于古甘达拉（相当于阿富汗北方大部）的希腊—佛教运动。中世纪克什米尔神庙中的柱子与罗马的多立克式柱子相似，与罗马建筑一样，克什米尔神庙建筑上也运用石灰浆和暗梢黏合建筑构件。这种方法可能是从托勒密王朝的埃及人（前 3 世纪）或者是阿里门尼德的波斯湾人（前 5—3 世纪）那学来的，在距离斯利那加 22.5 公里的帕里哈沙普拉的佛教遗址中发现这一技术已经被运用。

第一节　佛教建筑

1. 佛教的传入与发展

公元前 6 世纪，迂腐的旧婆罗门教不再适应生产力的快速发展以及人们的需求，沙门思潮开始打压婆罗门教，佛教和耆那教是这个时期最主要的沙门代表。佛教由释迦牟尼创建，早期佛教反对神主宰一切，倡导世界万物由"因缘"决定，具有无神论思想，并且反对种姓歧视，主张众生平等，受到下层群众的欢迎。到了孔雀王朝时期，由于统治者阿育王的大力扶持，佛教迎来了发展的高潮，公元前 3 世纪时阿育王派遣末阐提（Majjhantika）到迦湿弥罗（克什米尔地区）布教，曾感化当地的蛮人龙族，使其解脱罪业，夜叉盘荼鬼的妻子及五百弟子也相继皈

---

1 L 昌德拉. 印度寺庙及其文化艺术（三）[J]. 西藏艺术研究，1992（03）：54-58.

依佛法。当时信奉佛法的有 8 万人，僧侣有 10 万[1]。初期的教义比较简单，一直持续到公元前 2 世纪。随着社会经济的发展，宗教法规和仪式快速发展，出现了新的思想和倾向。

贵霜王朝（Kushan Dynasty）的迦腻色迦王曾在此地召集五百位高僧编纂《阿毗达摩大毗婆沙论》，并镂镌经论于铜牒之上，再封存于石函中，建塔藏纳。迦腻色迦王在克什米尔谷地的哈瓦（Harwan）举行了第四次佛教集结[2]，使得当时的克什米尔地区成为佛教极盛地。在集会上根据当时佛教思想的发展不同，将佛教分为大乘佛教和小乘佛教。小乘佛教的理论注重个人通过修行成为阿罗汉，并达到解脱的境界，而大乘佛教的目标不是寻求个人解脱，而是普度众生，使得人类摆脱痛苦[3]。此后经历白匈奴的入侵，以及印度教的兴盛，佛教曾一度遭受迫害，再度兴盛时谷地成为大乘佛教的主要根据地。

7 世纪时玄奘取经经过克什米尔谷地，在他的记述中，佛教虽然不是唯一的宗教，但仍然是主要宗教之一。他在 633 年到 634 年间在谷地中学习经文，记述了谷地中有佛寺 100 多所，僧徒 5 000 多人，有 4 座佛塔，都由无忧王建造[4]。7 世纪前，克什米尔主要盛行小乘佛教的"说一切有部"。一个世纪后，中国的悟空来到克什米尔，在这里学习四年。当时克什米尔有 300 多座佛院，并且有许多舍利塔，可见克什米尔的佛教仍然比较闻名。7 世纪后传入大乘佛教，大乘佛教通过克什米尔向东传到西藏。10 世纪时，西藏古格王朝国王意希沃选派 21 人赴谷地学习，这次求法活动揭开了西藏后弘期佛教的序幕，后经丝绸之路向中国内陆传播，并传到日本。大乘佛教有无数个菩萨，还有许多引自印度教和其他宗教的神祇，后期之所以要扩展神的系统，主要是为了吸引其他宗教信徒皈依佛教。这种方法起初有明显的绩效，但是后期由于佛教与印度教已经没有太大的差别，加上印度教的快速改革发展，对佛教的压迫，以及 14 世纪时阿拉伯人对谷地的入侵，克什米尔佛教延续 1 600 年后衰亡。但是谷地对临近地区佛教的传播有过重要的影响，谷地僧侣穿过葱岭沿丝绸之路向中国传播佛教，成为中印佛教一个重要节点。

1、4 玄奘 . 大唐西域记 [M]. 董志翘，译注 . 北京：中华书局，2012.

2 Feisal Alkazi. Srinagar: an architectural legacy[M]. New Delhi: Locus Collection, 2014.

3 穆罕默德·瓦利乌拉·汗 . 犍陀罗艺术 [M]. 陆水林，译 . 北京：商务印书馆 .

2. 佛教寺院遗址

经过多个世纪历史发展的风雨，克什米尔境内剩下的佛教建筑已经无几，但是它对周边佛教建筑及艺术的影响深远，独特的雕塑艺术是藏传佛教雕像发展的来源之一。克什米尔的佛教文化受到犍陀罗文化的影响，在迦腻色迦时期，克什米尔谷地是贵霜王朝的一部分。迦腻色迦是一位虔诚狂热的佛教徒，将首府建在犍陀罗的白沙瓦。这个时期的犍陀罗是佛教寺院和窣堵坡发展的黄金时期，克什米尔谷地与犍陀罗之间一直联系紧密，故犍陀罗佛教艺术对克什米尔佛教艺术有着重要的影响，我们可以从发掘出的雕刻作品中来研究克什米尔佛教兴盛时的艺术特点。

克什米尔早期的佛教建筑与同时期的犍陀罗建筑有着相同的平面和立面，但是在装饰模式以及材料上的使用上有所差异，在尤耆卡（Ushkar），当地有许多采石场，可以提供丰富的片石，建造者倾向于采用当地的片石用做建筑材料，而在哈瓦（Harwan）有丰富的卵石和沙砾。哈瓦的石匠在早期就发现，卵石与泥土混合在一起砌筑墙体，每块卵石不能超过 5 厘米 [1]。卵石之间虽然紧密结合，但这种古老的卵石墙体容易遭受雨水的冲刷而残损，因此他们就尝试在小卵石中间嵌入石块，石块或大卵石的尺寸在 6 英寸到 18 英寸之间，石块之间填充不超过 2 英寸的卵石。这样，在外观形成了整齐有序的墙体，这种方式砌筑的碎石墙体称作 Diaper-pebble，Diaper 指的是在某个平面上作贾尔 [2]（Chal）图案。哈瓦的半圆形神庙就采用这种方式建造。

6 世纪—14 世纪期间是克什米尔中世纪时期，佛教建筑与婆罗门建筑在建筑材料和技术上没有太大的差别，但是因为宗教活动的需求不同，在建筑平面以及立面上的差别很大，而佛教建筑沿袭了它的传统模式。早期窣堵坡的基座是简单的矩形结构，有单一的台阶通向院落，规模大的建筑下方有两重基座，每个基座外观被雕刻出五道带状装饰，自下而上第三道被雕琢成凸圆形，最上层为突出的半圆弧形，不同凹凸的线脚塑造出光影变化。这是佛教建筑中常用的基座形式，中国佛教建筑在此基础上发展为更复杂的须弥座。

---

1 Ram Chandra Kak. Ancient Monument of Kashmir[M]. Srinagar: Ali Mohammad & Sons, 2005.
2 在建筑匠人的术语中，"贾尔"是指砌筑中或者是地板上以某种规则反复出现的图案。

（1）潘卓珊佛教遗址

潘卓珊（Pandrethan）距离斯利那加市 5 600 米左右，由阿育王建于公元前 3 世纪。作为一座佛教兴盛期的古城，这里埋藏了很多佛教遗迹。目前考古学家从废墟遗址中挖掘出两座舍利塔和一座佛教寺院，舍利塔位于佛院东部的山坡上，距离佛院约 500 米。

考古协会将两座浮屠塔中较大的一座定为舍利塔 A，它被一圈石墙环绕，仅保存了底部构件，整个建筑群的入口位于南面墙体的中央。舍利塔 A 大部分的石材装饰已经损坏，现存遗址中可以测绘的平面是 21.9 米长的方形[1]，可惜已经看不到全貌。遗址中最常见的就是堆积的碎石，曾经在这里一度辉煌的佛教寺院没有留下精彩的建筑作品，我们只能从遗址中去想象并瞻仰它。

遗址中还发现几个 7 世纪左右的雕刻，从雕刻中可以看出笈多帝国时期的艺术已经影响到克什米尔。这些艺术作品现在保存在斯利那加博物馆中，其中有一个接近真人尺寸的佛像雕刻（图 3-1）。佛像肩膀宽大，构图均衡，两腿叉开，重心落在右腿上，左手持青莲，右手的拇指与食指间挂串珠，手掌向外自然张开；椭圆形的面庞很恬静，嘴唇丰满，下嘴唇两边明显向外突出，突出的耳垂下饰有杯状吊珠，发带下的头发微微上卷，腰部通过褶皱横纹装饰衣服，这些特征与笈多时期的佛像雕刻相似。

在遗址旁挖掘出许多精美的雕刻，有月神钱德拉（Chamunda）和印度八女神像（Matrikas），据此猜测佛教遗址曾经被印度教占用过，它们被保存在斯利那加博物

图 3-1　潘卓珊佛教遗址雕刻

1 Ram Chandra Kak. Ancient Monument of Kashmir[M]. Srinagar: Ali Mohammad & Sons, 2005.

馆中[1]。除此之外，还有一件
比较精美的柱头雕刻，刻画
了两只相对而立的鹅在啄葡
萄的画面，鹅头上有卷曲的
花冠，叶状的尾巴向外展开，
姿态优美，两只鹅中间立有
一串葡萄。从尾巴以及头冠
来看，整体姿态与中国吉祥
凤的形象相似（图3-2）。

图 3-2　潘卓珊佛教遗址柱头雕刻

（2）哈瓦佛教遗址

哈瓦是一座小村庄的名字，与斯利那加夏利玛花园（Shalima Bagh）相距3公里。这个名字曾经在印度史书《诸王流派》中出现，但是书中没有显示哈瓦地下有珍贵的遗址。在过去的30年中，在哈瓦建设通往斯利那加的输水管道工程中发现少量模制砖和建筑构件，引起了考古学家的注意[2]。

遗址中窣堵坡的墙体按照一定的规律建造，大石块略加雕琢，排成一列，使

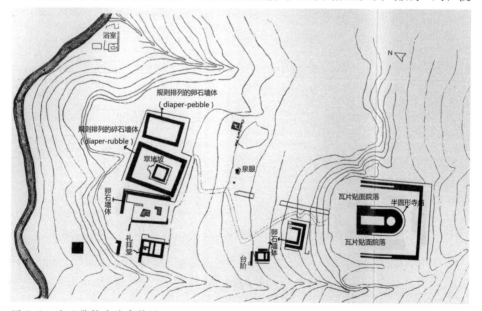

图 3-3　哈瓦佛教遗址布局图

1 Ram Chandra Kak. Ancient Monument of Kashmir[M]. Srinagar: Ali Mohammad & Sons, 2005.
2 Feisal Alkazi. Srinagar: An Architectural Legacy[M]. New Delhi: Locus Collection, 2014.

得外观有规则。在大岩石之间的空隙填充小石块，石块都没被装饰，被称为规则排列的碎石墙体（Diaper-rubble）。周边设有一系列的小礼拜堂（图3-3），窣堵坡建在矩形院落的中央面向北部，有三重基座。在窣堵坡台阶底下发现白匈奴统治时期头罗曼（Toramana）在位时的钱币[1]。

在窣堵坡的周边有瓦砾碎片铺设的人行道，瓦片上有浮雕装饰，大多是单一的图案，相邻的瓦片不能组成一个主题图形。这些碎片可能最初用于装饰墙壁，也很有可能来源于多种废弃的构件中。窣堵坡院落西侧的院墙采用小鹅卵石与泥浆均匀混合得建造方式，卵石之间黏结得很密实，以至两千年后，外观看上去还是很整洁[2]。这些鹅卵石来自于临近激流的河床上，但是收集这么小的鹅卵石并且在大型建筑上将它们与泥浆黏合起来使用，必然耗费了大量的劳动力。窣堵坡东侧的墙体采用了特殊的建造方式，是古老的卵石（Pebble）和后来的毛石（Rubble）建造方式的交叉。它由一系列表面光滑、不规则的岩石按照一定的规律组合，间隙中排列圆形或者是椭圆形的卵石。

遗址中展示了很多赤陶土佛陀雕像的手指以及脚趾，还有卷发形象。有刻在黏土碑上用于还愿的窣堵坡，在窣堵坡下方刻有波罗米文的佛教教义，从浮雕上可以看到克什米尔早期窣堵坡的建造方式。窣堵坡有三层十字形基座，自下而上层层缩进，形成梯形，每层都饰有水平线脚，通向地面的台阶被基座划分为三部分，并顺应基座的发展，下宽上窄。基座上置覆莲和数条线脚，承以

图3-4　哈瓦窣堵坡模型

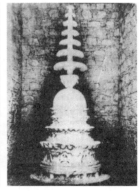

图3-5　犍陀罗窣堵坡模型

1、2 Ram Chandra Kak. Ancient Monument of Kashmir[M]. Srinagar: Ali Mohammad & Sons, 2005.

圆柱形塔身，塔身上方托起向外凸出的圆顶，圆顶上有十三层伞状相轮，整体线条舒缓，中部塔身收缩在相轮与基坛之间（图3-4），不同于犍陀罗的圆形基座式窣堵坡[1]（图3-5）。

在窣堵坡遗址的南侧山坡上分布着其他神庙。这些神庙顺应山地建设，砌筑卵石墙体，旁边设有山体阶梯，神庙之间可以相互连通，台阶旁有水溪流过，至今仍有泉眼。在山体最高处平台上有半圆形圣室的大型神庙遗址，神庙由矩形前室与圆形圣室组成，用规则排列的碎石与黏土砌筑墙体，周边有一圈院墙，遗址中没有发现雕刻艺术品。比较引人注目的是瓦片贴面院落，以同心圆的方式排列，通过有弧度的瓦片组合成圆环（图3-6），有着不同的主题图案，主要有水生植物、鹿、鹅、鸡等动物雕刻，猎人以及生活场景的雕刻。如图3-7所示，瓦片上方是常见的莲花雕刻，下方是在植物中奔跑的鹿群。所有的瓦片雕刻按照连贯的卡罗须提文（Kharoshthi）数字进行排列，资料显示院落的铺设不是随机展开，而是经过设计者精心规划后的成果[2]。

罗须提文数字的出现提供了瓦片被制造的时间信息，罗须提文书写形式曾经在西北印度比较流行，公元3世纪左右达到顶峰，到公元5世纪时逐渐退出历史舞台，可以推测哈瓦的瓦片制作时间在3世纪左右。其人物雕刻中的相貌以及穿着样式与克什米尔的当地居民差别很大，而与中国新疆西部地区的莎车（Yarkand）和喀什格尔（Kashgar）相似，有些雕刻中的人物佩戴土耳其式帽子，也有波斯萨珊艺术中系有头巾的披甲骑士形象，这些特征显示雕刻受到中亚的

图3-6　同心圆式瓦片铺装　　　　　　　　图3-7　瓦片图案

1 Ram Chandra Kak. Ancient Monument of Kashmir[M]. Srinagar: Ali Mohammad & Sons, 2005.

影响。克什米尔地区在贵霜王朝时期隶属于其帝
国的一部分，与中亚联系紧密，并在迦腻色迦时
期成为佛教圣地。哈瓦佛教寺院可能是由贵霜佛
教教徒建设，根据历史记载这里曾经是高僧纳噶
卓纳（Nargarjuna）的居住地，建造者可能是为了
显示他们的谦卑和提升宗教价值，将自己和家人
的图像雕刻在地板上，方便普通人接近他们。

（3）帕里哈撒普拉佛教遗址

8世纪时，克什米尔仍为主要的佛教中心，
其佛教思想在东亚地区影响深远。帕里哈撒普拉
（Parihasapura）地区就是佛教圣地，8世纪的拉里
塔迪亚国王在这里大兴土木，建造了多座印度教神
庙和佛教寺院。考古学家在这里发现两座佛教遗址，
一座是支提寺院，一座窣堵坡遗址。

支提寺院中央的方形神殿基座遗址保存比较完
整，入口在东侧，有八级台阶通往神殿内。神殿用
于放置佛陀神像，周边有环形道路，供朝拜者礼佛
朝拜（图3-8）。神殿内曾有巨大的大日如来雕塑，
有着直冲入天的气势[1]。考古专家根据遗存的墙体
厚度推测神殿高30—40米，另据拉达克的阿齐寺
（Alchi）壁画中的一幅帕里哈撒普拉支提寺院佛像
绘画，神殿外形可能与克什米尔谷地中的锥体式神
庙相似，高大宏伟。

在《诸王流派》中记述的拉里塔迪亚国王建设
的帕里哈撒普拉窣堵坡宏伟壮观[2]，曾一度成为周边
地区佛教建设的模仿对象。从现存的基座遗址看，
窣堵坡坐北朝南，基座平面呈十字形，通往基座上的四个台阶高大宽阔。在遗址

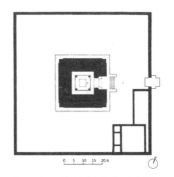

图3-8　帕里哈撒普拉支提寺院

图3-9　佛像雕刻

1、2 John Siudmak. Hdo: The Hindu-Buddhist Sculpture of Ancient Kashmir and its Influences[M]. Leiden: Koninklijke Brill NV, 2013.

附近发现很多石刻雕像，其中戴冠佛陀像保存较完整（图 3-9），这种佛陀艺术
形式流行于 8 世纪的印度和东亚地区，王冠、耳饰、项链以及通肩长袍成为主要
特征。佛陀像头戴王冠，王冠下方饰有串珠，后方有飘带；脸部丰满，呈椭圆形，
为印度人脸型；眉毛细长，呈倒八字形，向上挑起；眼睛半闭，眼帘低垂，带有
沉思冥想状；肩膀圆满，胸膛宽阔，身材比例较犍陀罗神像和谐；通肩式僧衣不
像罗马式厚重长袍，而是半透明的纱衣，从双肩至胯间一道道垂下 U 字形衣纹，
可依稀看到薄衣里面的身体轮廓，这种半透明纱衣在笈多时期的佛像雕刻中比较
普遍，被称为"湿衣佛像"。

3. 佛教造像艺术

佛教艺术与佛教的发展分不开。公元前 3 世纪，孔雀王朝的阿育王首先在这
里传播佛教。到 7 世纪时，克什米尔主要盛行小乘佛教的"说一切有部"，印度
佛教史上的《那先比丘经》，就是公元前 2 世纪左右的克什米尔高僧那先比丘应
大夏国国王弥兰陀之请而演说的小乘佛教的经典。5—7 世纪间，中国多名僧人曾
前往克什米尔，从他们的译籍中可以看出这个时期的克什米尔崇尚小乘佛教。10
世纪时，克什米尔佛教成为西藏后弘期佛教的源头之一，实际上 7 世纪后的克什
米尔已经倾向于大乘密教。

小乘佛教注重宗教实践，自身修行，不重视佛像的崇奉，因此 7 世纪之前的
克什米尔佛像艺术发展缓慢。而密教主张"即事而真""三密相应"，即修行者
选择具体的佛像作为修法的抑止，手结佛像印契，口诵本尊真言，意作本尊观想，
进而达到与本尊合一[1]，所以佛像在密宗中占有重要的位置，佛像艺术得到快速发
展，现存的雕像大多是克什米尔 7 世纪后的作品。

克什米尔的佛像艺术是多种文化的混合体，其中犍陀罗艺术占主导地位，同
时吸收了较多的笈多艺术成分，另外中亚波斯萨珊文化也留下了深刻影响，加上
本土雕刻手法，形成独具特色的艺术品。克什米尔的造像艺术在七八世纪时主要
受到犍陀罗的影响，形成自身的特点：面部丰圆，双目睁视，眼大无神，这是克
什米尔造像的主要特征[2]，在阿里以及新疆的石窟壁画中也呈现出这种形象；眉毛
似弯月，眉间饰有白毫，鼻梁扁平，大耳披肩；头顶的肉髻硕大且平缓，是典型

---

1 黄春和.佛教造像艺术 [M].河北省佛学院，2001.
2 金申.藏式金铜佛像收藏鉴赏百科 [M].北京：中国书店，2011.

的犍陀罗形象；菩萨的冠式除了犍陀罗扇形发髻外，还有正面饰有半月的花冠，
是从波斯萨珊王朝的王冠上移植过来的，半月形花冠首先传到尼泊尔，后传到西
藏地区，在传播过程中结合各地的文化也发生了变化；服饰上主要是穿袒右肩袈
裟或者是通肩袈裟，采用萨尔纳特风格[1]，犍陀罗的写实衣纹雕刻手法也偶尔出现
在局部；躯体四肢短粗，壮硕，继承了犍陀罗古朴的造像风格，并习惯右手结无
畏印或说法印（图3-10），手势自然亲切，菩萨身姿略带扭曲，但是女性特征不
明显；方形台座，其上有覆莲，莲瓣为犍陀罗式的宽扁叶片状；克什米尔造像多
为黄铜铸造，整体铸就后进行抛光处理，眼睛嵌银，白毫和衣裙上镶嵌红铜，这
种克什米尔特有的镶嵌工艺对西藏古格王朝的"古格银眼"造像艺术影响深远。
图3-11所示为制作于8世纪左右的菩萨坐像，饱满的身躯具有张力，四肢短粗，
整体风格朴实。观音头顶饰有扇形花冠，右侧有一根写实大发辫，上身袒露，戴
手钏臂钏，下身着裙，腿内侧有阴刻条纹，保持了犍陀罗的风格。

---

1 仅在衣角，领口，袖口，腿部刻画衣纹，显示造像着衣。

图3-10　8世纪克什
米尔黄铜成就佛像

图3-11　7—8世纪克什米尔黄铜
菩萨坐像

图3-12　10—11世纪
克什米尔黄铜莲花手菩
萨像

11 世纪时的造像风格发生了改变，身躯由浑厚变得瘦削，体形修长，腰部较细，菩萨的身躯更女性化，有三曲姿势，装饰更加繁缛（图 3-12），饰物风格偏向世俗化，与尼泊尔造像相似。造像中开始追求肌肉组织，在腰部有凸出的肌肉，表现健美的形象。这种风格在新疆、西藏和敦煌的寺院壁画中也有表现，在壁画中运用深浅颜色对比形成凹凸感。

克什米尔造像艺术是印度次大陆中一种独特的艺术，由于地处中亚、南亚和东亚的桥梁地带，对中国和印度次大陆的文化艺术的形成有着重要的影响。

第二节　印度教神庙

印度教是世界上历史最悠久的宗教之一，迄今已有 3 500 年的历史。公元前1500 年左右发源于印度河流域，后来逐渐向恒河流域发展，最终扩展到整个南亚次大陆[1]。印度教中主要有梵天（Brama）、毗湿奴（Vishnu）和湿婆（Shiva）三位大神，他们分管宇宙的创造、保护和毁灭。三者虽然分工不同但是融为一体，都是同一个"最高者"的显现。克什米尔谷地的印度教建筑主要是湿婆和毗湿奴神庙，它们在遵循印度教教义基础上深受东亚建筑的影响，有着明显的希腊式三角形山墙的装饰。院落式的神庙采用帕拉马萨伊卡曼陀罗的布局形式，强调主殿在构图中的中心位置，在曼陀罗图案中象征着实质与永恒。

克什米尔印度教神庙主要分为院落式与单体神庙两种。院落式神庙的主要特征是有一圈柱廊围绕矩形院落，升高的主殿位于院落的中心，对面的入口大门在尺度和装饰上与主殿相匹配。独特的装饰结合壁龛、柱子和壁柱构成混合风格，综合了犍陀罗风格和印度本土的图案艺术，并在此基础上进行综合发展而成。在院落四边各有一个入口，其中三个常被装饰成壁龛形式。入口融合了犍陀罗晚期的三叶拱门风格，并在拱门上运用简单的希腊式三角形山墙。三角形山墙依托于底部柱子或者是壁柱上，柱子形状有方、圆两种，柱上装饰有凹槽。通常柱子装饰比较简单，偶尔也有复杂的装饰。单体神庙与院落式神庙中的主殿相似，是克什米尔建筑风格的浓缩版，尺度较小，比例紧凑协调，装饰丰富。

---

1 朱明志.印度教[M].福州：福建教育出版社，2013.

1. 印度教在克什米尔的发展

（1）印度教早期发展的大背景

宗教作为一种社会形态，它的发展必然离不开经济和社会的发展。早在公元前 20 世纪时，印度河流域居住的达罗毗荼人创造了印度最早的文明，当时的宗教信仰已经有了印度教的雏形，流行着对母神、生殖器和各种动植物的崇拜。大约在公元前 1500 年，属于印欧语系的雅利安人部落，跨越兴都库什山脉，经过伊朗、阿富汗进入印度河流域，并征服了当地的达罗毗荼人。在与土著民族长期的交往中，雅利安人与达罗毗荼人经历了很长的相互冲突、磨合、融汇的过程，婆罗门教就是两种文化相互融合的产物。《梨俱吠陀》的产生标志着婆罗门教的诞生，婆罗门教不是由某一位教祖创建，而是印度雅利安民族在自己民间信仰的基础上，不断吸收达罗毗荼人的宗教元素而自然形成。

在前吠陀时代，初期婆罗门教崇拜自然神，在万物有灵论基础上建立起来的多神论崇拜盛行祭祀风，婆罗门祭司的社会地位逐步上升，并且出现种姓等级制度。在公元前 1000 年到公元前 600 年间的后吠陀时期，生活在印度河流域的雅利安人不断向恒河流域扩展，随着生产力和经济的发展，奴隶制国家不断被建立。婆罗门教作为社会的产物，为了与社会发展相适应，其思想与文化也逐步趋向成熟，相继产生多部吠陀经典，有阐述祭祀方法的《娑摩吠陀》（Samaveda）、《耶柔吠陀》（Yajurveda）、《梵书》（Brahmanas）、阐述祭祀理论的《森林书》（Aranyakas），以及阐述婆罗门教宇宙观和人生观的《奥义书》（Upanisads）[1]。

在吠陀时代晚期，随着吠陀部落首领的扩张，郁多罗—库茹人定居在克什米尔，并将宗教文化思想带入克什米尔，对克什米尔后期印度教的发展产生重要影响。

（2）公元前后沙门的影响

公元前 6 世纪以后兴起的沙门思潮，对婆罗门教造成巨大的冲击，沙门思潮盛行的时期在印度史上被称为"百家争鸣"的时期。这个时代同我国春秋战国时期的"诸子百家"、古希腊的柏拉图和亚里士多德时代大体发生在同一时期。按照佛教说法，这个时期最有影响力的人物有释迦牟尼和另外"六师"[2]共七位思想家。初期佛教是沙门思想的主要代表，否定吠陀权威，反对婆罗门教所宣

---

1 朱明志.印度教[M].福州：福建教育出版社，2013.

2 六师：尼乾子·若提子、阿耆多·翅舍钦婆罗、富兰纳·迦叶、婆浮陀·伽旃那、末伽梨·拘舍罗、散若耶·毗罗梨子。

扬的神主宰一切、万物皆由神创造的理论，释迦牟尼提出"缘起说"，具有明显的无神论思想[1]。佛教寻求解脱的道路，完全是依靠个人的努力和思想道德的修养，而不是依靠祭祀或者是神灵的拯救，彻底打破了当时婆罗门教通过祭祀而达到神人结合的解脱模式。佛教在社会问题上反对"婆罗门至上"，反对种性歧视，主张众生平等，得到广大下层民众的支持，吸引了大量印度教徒改信佛教。

公元前4世纪末，孔雀帝国在摩揭陀国的基础上建立起来，克什米尔被包含在内。著名的国王阿育王崇信佛教，在他的鼓励下，佛教在印度各地迅速发展起来，佛教一度超过婆罗门教成为主要的宗教。阿育王实行宗教宽容政策，促进了各种沙门思想的发展，在佛教和耆那教等沙门思想的冲击下，婆罗门教有很长一段时间处在消沉的状态。在这种情况下，婆罗门教不得不走向变革图存的道路，一方面大量吸收佛教和耆那教教义中的精华，抛弃自身不合理的部分，一方面从各种民间信仰中汲取营养，以充实自己。贵霜王朝时期，境内的种族甚多，宗教信仰各不相同，因此各代君主采取宗教宽容的政策，以笼络各民族的群众。贵霜王朝的著名国王迦腻色迦崇信佛教，在他的统治期间，佛教有了新的发展，在前三次佛教集结的基础上，迦腻色迦在克什米尔举行第四次佛教国际会议，到4世纪时，克什米尔成为佛教主要学习的地方。

印度的笈多王朝（Gupta Dynasty）时期是婆罗门教发展的"黄金时期"，两大史书《摩诃婆罗多》和《罗摩衍那》，以及《薄迦梵歌》《摩奴法典》、各种"往世书"以及六派哲学的各派经典，经过长时期的发展后，都陆续在这个时期完善和定型。婆罗门教经过长时期的变革和发展后，到了公元4—6世纪，强调祭祀万能性的旧婆罗教已基本上完成向新婆罗门教[2]的转化，新婆罗门教被人们称为"印度教"。

（3）克什米尔湿婆派的产生

在各地方的婆罗门教进入改革期后，9世纪时克什米尔湿婆教也发展起来，它是北印度一个重要的湿婆教派，主要流行于克什米尔地区。

---

1 孙昌武. 中国佛教文化史[M]. 北京：中华书局，2010.
2 新婆罗门教：减少大量杀生的献祭活动；宗教活动中心由吠陀祭坛转移到供奉三大主神的神庙中；崇拜方式注重个人修行的各种瑜迦实践。

　　克什米尔湿婆派的创始人是瓦苏古特，此人写了许多解释《湿婆经》的诗歌，宣称《湿婆经》就是湿婆大神的启示，积极宣扬对湿婆的崇拜。到了10世纪，该派出现两位重要的理论家：乌塔帕拉（Utpala）和阿比那瓦笈多（Abhinavagupta），他们进一步发展瓦苏古特的思想，从而创立了一个成为"神不二论"（Isvaradvayavada 或 God-non-dual-ism）的哲学体系。这种"神不二论"，是在融合了商羯罗吠檀多不二论[1]和大乘佛教空宗理论的基础上，再结合湿婆教思想而形成的。"神不二论"体系把克什米尔湿婆派提升为一个具有哲学思想体系的宗教派别，因此，在印度哲学史中经常提到这个派别。

　　该派奉湿婆为主神，他们把湿婆视为宇宙唯一的最高实在，世界本质上是同一的，湿婆具有无限的力量，主要有五种力量：意识力、欢喜力、愿望力、知识力和显现力，湿婆通过这五种力量，可以显现出纷繁杂多的世界[2]。人的灵魂在本质上与最崇高的湿婆是同一的，但是由于人经常沉迷于名利的追求上，却看不到自己的灵魂与神的同一性，只有通过对同一性的多次或反复的认识，人的灵魂才能与最高神相结合，并最终获得解脱。

　　克什米尔湿婆教在克什米尔普通人的生活中起到了主要指导作用，并对印度南部的湿婆教产生了重要的影响。

　　（4）伊斯兰教的影响

　　印度进入德里的苏丹国时期，德里苏丹王派兵征服一些独立的印度教王公，对印度教和佛教进行残酷的镇压和掠夺，采用武力大力推行伊斯兰教。但是克什米尔此时并不包括在德里的苏丹国内，仍然是印度教统治者的天下。直到14世纪克什米尔进入伊斯兰时期，除了苏丹西坎德尔（Sultan Sikandar Butshikan）强迫非穆斯林信仰伊斯兰教，并摧毁大量偶像雕塑，其他君主对宗教信仰都比较宽容，并且深受伊斯兰教苏菲派的影响。苏菲派信徒来到印度后，主要在民间活动，向下层群众传教。他们同情印度教的低种姓者，宣传"在神面前，人人平等"的观念，并对印度教徒一视同仁，批判种姓制度，反对种姓歧视。在苏菲派建立的清真寺中，平等地接待一切印度人，不管是低种姓人还是高种姓者。苏菲派的活动大大缓解了印度教徒对穆斯林的仇视，促进了两大教派的团结和睦。

---

1 商羯罗吠檀多不二论：8世纪时，商羯罗继承和发展了6世纪的吠檀多不二论，在承袭乔荼波罗的基础上，吸收了大乘佛教中观派的思想，使吠檀多不二论成为绝对唯心主义的思想体系。
2 朱明志.印度教[M].福州：福建教育出版社，2013.

时至今天，克什米尔人对于早年传教的苏菲仍怀有深深的敬意。比较有影响力的就是瑞西谢赫·努尔丁传教士，他常年居住在环境恶劣的丛林地区，倡导平等思想，并发起影响深远的瑞西运动，受到人们的尊敬，谢赫·努尔丁被克什米尔人民称为"克什米尔之王"[1]。

在苏菲派的影响下，印度教文化与伊斯兰教文化相互融合，苏菲派在宗教修行上吸收印度教的内容与形式，苏菲派中名为"萨马"的修行形式就是吸收印度教的因素经过改造形成。所谓"萨马"就是苏菲们在宗教修习中一边修炼一边唱歌跳舞，通过音乐和舞蹈来激发自己的灵感，这种形式颇受印度教徒的喜爱，促进了伊斯兰音乐和印度教音乐的融合。除此之外，克什米尔的伊斯兰建筑也深受当地印度教建筑的影响，采用印度教神殿中的重檐金字塔屋顶。

2. 印度教神庙的发展概况

宗教建筑的发展与宗教的发展以及统治者的扶持密切相关，由于在早期的吠陀教和婆罗门教时期，祭坛与仪式活动占据主导地位，早期神庙很少。7世纪前佛教发展迅速，从玄奘以及悟空游行记中可以得知谷地中有大量的佛院与窣堵坡。印度教神庙的建设源于印度教的改革，吸收佛教、耆那教的沙门思想，并开始为神灵建造永久性的神庙建筑，神庙建筑萌芽于印度笈多王朝时期，并向周边扩散。7—14世纪是克什米尔谷地的中世纪时期，在这个时期内印度教建筑经历了发展期、鼎盛期。14世纪后，谷地进入伊斯兰统治时期，印度教的建设进入衰落期。

谷地中最早的神庙实例是建于7世纪的Loduv神庙，由于缺乏更早时期的神庙实例，很难推测印度教神庙的最早原型。该神庙的平面内圆外方，结构简单，整体缺少装饰，四坡单层屋顶。只有一个入口，门口上方有半圆券并向外凸出一部分，门洞外侧饰有三角形山墙，砌筑墙体的石块为条形大理石，尺寸较小[2]。

8—10世纪是印度教建筑发展的鼎盛期。8世纪时羯迦吒迦王朝的拉里塔迪亚国王是一位伟大的建设者和哲学家，在他的统治期间宗教之间和睦相处。他从南部带来青铜工匠后，青铜铸造开始在谷地盛行，并对雕塑和建筑有很大的

---

1 邱永辉."苏菲花园"克什米尔游（下）[J].世界宗教文化，2006(01)：55-57.
2 Ram Chandra Kak. Ancient Monument of Kashmir[M]. Srinagar: Ali Mohammad & Sons, 2005.

图3-13　太阳神庙复原图

图3-14　琣垭神庙

影响，特别是对谷地的庙宇建筑。著名的马特坦神庙（Martand Temple）是他统治时期最好的宗教建筑实例，院落式神庙气势宏伟壮观，主殿为四层攒尖屋顶，周边围绕一圈柱廊，整个建筑群沿纵轴线对称（图3-13）。建于阿盘底跋摩时期的阿凡提斯瓦拉神庙（Avantisvara Temple）与阿凡提斯瓦米神庙（Avantis-vami Temple）也是鼎盛时期的代表。阿凡提斯瓦米神庙在装饰上更加精美，柱身布满连珠形或者菱形图案，柱头雕刻仿照木柱头图案，比马特坦神庙装饰更复杂。

随着印度教统治者失去其盛世的活力，加上内战的冲突，宗教建筑也逐渐失去了壮丽宏伟的气势，由院落式神庙组群转向与早期神庙相似的独立体，柱廊和三叶拱券失去结构的意义，被用做墙体装饰。

3. 克什米尔谷地单体式神庙

单体式神庙空间单一，集圣室、前厅、门厅于一体，普遍为湿婆神庙，单一的空间是湿婆神的住所。对称式神殿位于高大的台基上，有台阶连接圣室与地面；多层金字塔形屋顶位于圣室中央正上方，向上逐层内收，形成塔状；集中式构图凸显庄严肃穆感，柱头、山花墙及三叶券内常雕刻丰富的图案。

（1）琣垭神庙

琣垭神庙（Payar Temple）距离阿瓦提普尔市有20公里，位于琣垭（Payar）小村落中，是克什米尔印度教建筑风格的浓缩版。整体结构保存得比较完整（图3-14），它也是克什米尔其他已损坏建筑的复原参考对象。神庙建于11世纪[1]，

---

1 Takeo Kamiya. Architecture of the India Subcontinent[M]. Tokyo: Atsushi Sato, 1996.

主要供奉湿婆神，圣室中央放置林伽和尤尼[1]的结合物。

神庙高6.4米，坐西朝东，正方形平面，集中式构图，空间单一。基座造型简洁，尺度相对神庙比例较大，圣室四边各设一门向外开敞，但只有东面的门口设置台阶通向地面（图3-15）。四面的门为矩形，两边装饰双壁柱。内部的壁柱上方托起三叶拱券，柱头有神牛南迪[2]的雕刻。外部壁柱相对于内部壁柱的尺寸较大，柱头刻有一对叶状长尾鹅，上方升起三角形山形墙。

屋顶采用重檐金字塔形，在中间檐口交替排列花纹与竖条纹。上层屋顶四面的中央位置各有一个老虎窗，在神庙中起装饰作用。老虎窗样式与门洞相似，只是圆拱券代替了三叶拱券，两边壁柱上立有三角形山墙，山墙与拱券间雕刻花卉。屋顶顶部有阿摩洛迦（Amalaka）的圆饼形醋栗状盖石压顶，常见于北印度神庙的屋顶。

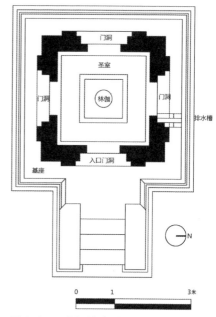

图3-15　培垭神庙平面图

神庙四面门洞上方三叶券内雕刻湿婆的不同画像，集温柔相、舞王相、恐怖相、三面相于门洞上方。东侧门口与三叶券间刻有湿婆像，湿婆盘腿坐在树冠下的宝座上，两边各有一个坐势的出家人，采用欧式雕刻方式，双腿自然下垂，展现了湿婆的温柔面相；西面门口的浮雕展现了正在热舞中的六手臂湿婆形象，上面两支手臂手持方巾高举在空中，中间两只手在胸前作手势状，最左下方的手持有鲜花，右下方的手持有三叉戟，构成湿婆的典型姿态（图3-16）。湿婆组图左下角的演奏手在演奏弦乐器，右下角有击鼓伴奏者，共同组合成一幅美丽的画面；南侧的浮雕展示了湿婆怒火中追逐人类的画面，人类在恳求他的原谅；北侧的浮雕展示了三头湿婆盘腿坐在枝编状的基座上，雕像中的湿婆只有两个手臂，穿婆罗门衣服，在他的左下方坐着他的妻子帕尔瓦蒂（Parvati），其余三个比较瘦弱

---

1 林伽：印度教湿婆派崇拜的男性生殖器像，象征了湿婆神，林伽以尤尼为底座。尤尼是女性生殖器像，象征了湿婆的妻子。两者的结合寓意阴阳交合即万物的总体。

2 南迪：印度教中湿婆的坐骑，不仅是湿婆最忠实的信徒，也是湿婆和喜马拉雅山的守门神。

的人物形象可能是苦行者（图3-17）。除了这些精美的雕刻外，在神殿转角的上方有丰富的植物浮雕，檐口处有一圈花纹雕刻。

上层构造仅用了十块石材建造，圣室内部为宽2.43米的方形空间，内部墙体比较平滑，装饰很少，屋顶内部被雕琢成圆顶天花，圆顶中央饰有莲花浅雕，下方刻有三条平滑细带和串珠状线圈[1]。在拱肩处刻有飞翔状的人物形象，拉长的胳膊似乎要托住圆顶，圆顶支撑在饰有六条直线的檐口上（图3-18）。

（2）潘卓珊神庙

潘卓珊神庙形制与琣垭神庙相似，也是单体建筑，位于安南塔那加市，距离斯利那加市5 600米左右。该神庙建于1135年，由扎亚希姆哈（Jayasimha）的将军瑞哈纳（Rilhana）建设，也是一座湿婆神庙，在基地周边可以看到晚期婆罗门的雕刻。

神殿外部为宽5.33米的方形平面，并筑有凸出的壁柱，神殿四面向外开敞，属于曼德帕（Mandapa）形制。曼德帕在大

图3-16　六臂湿婆像

3-17　三头湿婆盘坐像

图3-18　琣垭神庙室内圆顶

---

1 Dr Ajaz Baba.The Moments of Kashmir[M].Srinagar: Ali Mohammad & Sons, 2005.

型印度教神庙中属于柱厅部分，是连接圣室的过渡空间，象征着神灵巡行宇宙的坐骑，通常是整个神庙中最大的空间，是信徒们集会礼拜的场所[1]，在这里用于放置象征湿婆的林伽、尤尼。神庙入口在西侧，有台阶通向院落，南北向设置相似的入口，东侧有矩形窗。方壁柱在设计上有突破点，放弃那个时期常见的半露矩形壁柱。这里的方壁柱脱离了墙体，独自支撑门廊上方的三角形山墙，创造了更多的光影关系，丰富了空间（图3-19）。

常见于印度教神庙前的水池被移到基座下方，基座在大部分时间内处在泉水中，体现了对水的崇敬。神殿墙体下方有一圈雕刻着神像的束带层，在克什米尔比较少见。矩形门框上方刻有三叶拱券和山墙，门外侧设有壁柱，小壁柱起到装饰作用，上方有三叶拱，外部的方形壁柱支撑上方的三角形山墙，共同围合出门廊空间（图3-20）。屋顶仍然是金字塔形，中间的齿状装饰带将屋顶水平分为两部分，原来应该有三部分，最上面的金字塔尖顶已不存在。在上层屋顶上装饰四个三叶拱券状的老虎窗，在木构建筑中用于通风，在石质的神庙中是封闭状态，起到装饰作用。犍陀罗建筑中也有类似的壁龛，这再次证实了克什米尔谷地印度教建筑受犍陀罗风格的影响。

圣室内的墙体装饰很少，但是天花装饰得很精美细致（图3-21）。它是克什米尔境内保存最完整的石刻，由9块石头组成，按照3个重叠的方形排列，形

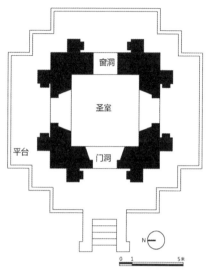

图3-19　潘卓珊神庙平面图

图3-20　潘卓珊神庙西立面图

---

1 沈亚军. 印度教神庙建筑研究 [D]. 南京：南京工业大学，2013.

成8个三角形区域。每个区域都附有雕刻，在最下方的三角形区域展示了面对面飞翔的一对药叉（Yaksha）。他们双手持有花环，花环在他们的身体间飘动，形象被刻画得栩栩如生。中间的每个三角形区域都刻画了单个药叉的形象，右腿蜷曲，左腿向外展开作飞翔状，右手拿圆盘，左手持莲梗，左手臂的下方有飘动的帷幔。最上方的方形石板中央刻有盛开的莲花，莲花被串珠状的线圈环绕，周边四个角分别有飞舞的人物形象。整个天花组图被刻画得精美细致，人物表情丰富，动作轻盈。圣室内部铺设石块，中央有2.1米宽的方形基座，应该是放置神像的基座[1]。

（3）单体式神庙空间设计

单体式神庙只有圣室空间，空间比较单一，具有明显的集中式构图。朝拜者通常沿圣室顺时针绕行，瞻仰神像的同时提升自身的宗教觉悟。之所以采用顺时针方向绕行，是为了与太阳从东到西的行进轨迹保持一致，使得神像始终位于信徒的右侧[2]。

圣室用于放置神像，寓意了宇宙和生命的胚胎，一般位于大型印度教神庙最私密的空间中，内部平整光滑，四面为厚重的墙体，在克什米尔谷地的单体神庙中四面开敞。圣室平面为方形，来源于印度教的曼陀罗图形，曼陀罗在宗教中寓意含藏宇宙本体，有方形、圆形和方圆相接等多种图形。不同于中国的"天圆地方"

图 3-21 潘卓珊神庙天花

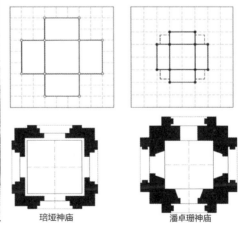

琯垭神庙　　　　潘卓珊神庙

图 3-22 源于曼陀罗图形的圣室

1 Dr Ajaz Baba.The Moments of Kashmir[M].Srinagar: Ali Mohammad & Sons, 2005.
2 沈亚军. 印度教神庙建筑研究 [D]. 南京：南京工业大学. 2013.

原则，印度崇尚"天方地圆"。方形的曼陀罗代表了精神与永恒，是印度教神庙中常见的圣室平面类型（图3-22）。

神庙外部自下而上采用三段式，底部基座为方形或者是十字形，运用简洁的枭混线条划分；中间为殿身，结合三叶拱券门窗、壁柱和三角形山墙形成阴影关系；上方为多重坡屋顶，层层内收，形成金字塔形，象征诸神居住的宇宙之山须弥山，位于圣室中心的林伽与弥庐山连成宇宙轴线（图3-23），寓意了无限的能力。圣室内部上方设有圆顶天花或者是方形天花，竖向宇宙轴线穿过天花中心，神庙的整体围绕圣室中心建设，神像位于纵横向的对称轴交叉点上。总而言之，单体式神庙集中式构图显著，不论横向还是竖向设计都凸显神像中心，严格按照曼陀罗思想建设。

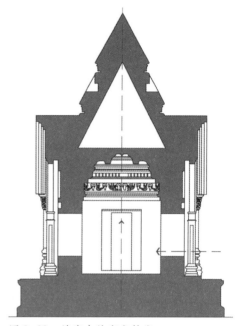

图 3-23　神庙中的宇宙轴线

4. 克什米尔谷地院落式神庙

（1）马特坦神庙

马特坦神庙（也称太阳神庙）建于8世纪的拉里塔迪亚时期，位于马特坦的较高山地上，从这里可以俯瞰整个谷地的风景。神庙院落长67米，宽44米，院落四角有围绕主神殿的四个附属神殿。主神殿位于神庙的中轴线上并被一圈柱廊围绕，由门厅（Mandapa）、前厅（Antarala）、圣室组成。门厅两边各有一个配殿（图3-24），可能用

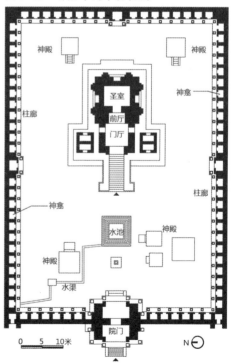

图 3-24　马特坦神庙平面图

于放置太阳神配偶的雕像。神殿的基座高出院落地面 3.9 米，彰显出主神殿的高大宏伟，基座由两层壁龛组成，上面一层壁龛中刻有婆罗门教神灵（图 3-25），主要有太阳神、梵天、毗湿奴、湿婆、帕尔瓦蒂、恒河女神（Goddess Ganga）等，下面一层较小的壁龛中置有世俗人物雕刻，主要是平民、乐师和舞蹈者。

圣室通过门厅和前厅到达，在各空间的三叶拱券门洞上方有支撑在巨大壁柱上的双三角形山墙，门厅、前厅以及圣室上方的屋顶已被损坏。门厅平面为方形，南北向窗洞使得大厅内比较明亮。门厅内壁上设有壁龛，壁龛外部同样饰有双三角形山花，下方保存较完整的两个壁龛中分别刻有十臂毗湿奴和三头湿婆形象，上部有 14 个壁龛组成，刻有太阳神乘战车的形象。前厅是门厅前往圣室的过渡空间，面阔与圣室相近，进深较窄，四壁设置与门厅内相似的壁龛，连接圣室入口的两侧壁龛中有恒河女神和亚穆纳河神站立像。圣室平面呈矩形，西侧门洞通往门厅，其余三侧为厚重的实墙，没有雕刻装饰，有利于营造神秘的空间感。

在神殿与大门入口间有台阶式下沉水池，它是马特坦神庙的重要组成部分，水池不仅是储水设施，也具有信徒进入神庙前沐浴净身的宗教礼仪功能，是印度教神庙中不可或缺的附属机构[1]（图 3-26）。大门位于神庙西侧柱廊的中央，门屋空间被中央墙体划分为两部分，分别有台阶通往院落内外，院内地面比院外地面高 2 米，院门的内外墙体与门厅内墙相似，设有壁龛及神像，壁龛外侧边框上

图 3-25　上层基座的神像雕刻

图 3-26　马特坦神庙与前方水池

1 Archaeological Survey of India. Pandrethan, Avantipur & Martand[M]. New Delhi: Director General Archaeological Survey of India, 1993.

饰以动植物图案。

院落周边矩形柱廊的北侧与南侧分别布置 25 个神龛，东侧与西侧分别有 19 个和 12 个神龛，神龛下方基座高出院落地面 1.9 米，院落四周升起的神龛与中央高大的神殿相呼应。神龛通过三叶券门与外部柱廊空间相连，三叶券门包含于支托在壁柱上的三角形山花内（图 3-27）。

（2）布尼垭神庙

布尼垭神庙（Buniyar Temple）建于公元 900—926 年，是一座湿婆神庙，它有着成熟的规划设计。神庙位于杰赫勒姆河岸边的巴拉穆拉—尤里（Baramula-Uri）道路附近，是克什米尔保留最完整的印度教神庙，采用对称的院落式布局，整个院落长 44.2 米，宽 36.2 米。入口方形平面被中央墙体分隔成内外两个空间结构，两空间向外开敞（图 3-28），立面采用双柱共同支撑三叶拱券结构，柱身有凹槽装饰，并有双柱头，上层柱头四周有涡卷线条，受希腊爱奥尼柱式影响明显。墙体上部檐口交替排列着半边脸面像和微型三叶草拱券，在檐口上部是金字塔形的屋顶[1]。入口建筑有内外两个台阶分别通向院落和神庙外，沿街的台阶已经损坏，台阶和中心神庙之间有一个小型石质平台，应该用于放置湿婆神的坐骑神牛南迪像。

主殿位于双层台基上，每层台基都有可环形的空间并通过台阶连接，入口位于西侧，正对杰赫勒姆河。高大的三叶拱券支撑在入口旁的两边壁柱上，壁柱围合着通往圣室的矩形空间，三叶拱券外部有三角形山墙装饰，但已被损坏（图

图 3-27　马特坦神庙周边圣龛

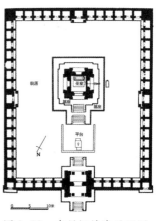

图 3-28　布尼垭神庙平面图

1 Ram Chandra Kak. Ancient Monument of Kashmir[M]. Srinagar: Ali Mohammad & Sons, 2005.

图 3-29　布尼垭神庙院落

3-29）。主殿中原先供奉的是毗湿奴，后来被纳巴达河的湿婆林伽代替。圣室内部有 4.3 米的方形空间，上部的天花最初是圆顶式，后来被移走或者是掉落。

周边列柱廊包含 53 个矩形神龛，每个神龛长 2.1 米，宽 1.2 米 [1]，并且都有独立的三叶拱券门和依托在壁柱上的三角形山墙（图 3-30）。一系列的神龛结构外有一圈柱列，柱础约为柱身高度的四分之一，在整体中占比较高的比例。从外观上看类似多个比例不同的圆柱体串联在一起，柱身饰有凹槽，下层柱头与镜像的柱础相

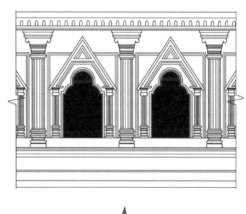

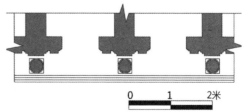

图 3-30　布尼垭神庙柱廊平、立面图

---

1 Ram Chandra Kak. Ancient Monument of Kashmir[M]. Srinagar: Ali Mohammad & Sons, 2005.

似，上层柱头带有涡卷线条，柱式装饰与爱奥尼样式相似，但在比例上与多立克柱式相似，比较粗壮，柱身高度约为柱底径的5.7倍。横梁将神龛屋顶和柱头连接成整体，柱上檐口部位装饰着微型三叶拱券。

（3）阿凡提斯瓦米神庙

阿凡提斯瓦米神庙（Avantisvami Temple）建于阿盘底跋摩即位之前，装饰比较丰富。在它未被公开之前，曾被泥土长时间地覆盖，经过多年的时间，泥土积累到4.57米深[1]，除了大门顶部结构及中央神殿的顶部结构露在外部，大部分被埋在深厚的泥土中。根据史书《诸王流派》可知，在阿盘底跋摩之后的克什米尔谷地经历几次内乱，神庙屡遭损坏。14世纪，克什米尔有名的暴君苏丹西坎德尔在位时期，阿凡提斯瓦米神庙遭到严重破坏。

建筑总体规划类似于布尼垭神庙，主入口位于西侧，院落式布局，周边有一圈柱廊（图3-31）。院落东西长

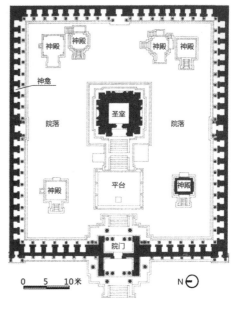

图3-31　阿凡提斯瓦米神庙平面

图3-32　阿凡提斯瓦米神庙入口

53米，南北长45.3米[2]，主要神殿位于院落中央，建设在双层台基之上，在主神殿的四个角落处分布有小型神殿。整体形制与帕拉马萨伊卡曼陀罗（Paramashayika Mandala）图形相似。在图形的中央位置是印度教创造之神梵天，象征了实质与永恒，周边区域象征着其他神灵，共同拥护着梵天，阿凡提斯瓦拉神庙的主要神殿与周边附属神殿共同象征了宇宙世界。

神庙大门的设置类似于布尼垭神庙，位于整个神庙西侧柱廊的中央，是克什

---

1 Ram Chandra Kak. Ancient Monument of Kashmir[M]. Srinagar: Ali Mohammad & Sons, 2005.
2 Susan L Huntington. The Art of Ancient India: Buddhist,Hindu,Jain[M]. New Delhi: JP Jain, 2014

米尔保存较完整的一座大门（图3-32）。
宏伟的大门上饰有丰富的几何图形、
植物和人物形象的浮雕，还有位于台
阶两边翼墙上的毗湿奴与配偶的雕刻，
以及位于壁龛内的 Dvarapalas（梵语，
印度教神庙门口的门卫）、恒河女神
以及亚穆纳河神雕像，这些雕刻形象
大多来源于神话和传说故事，比较遗
憾的是这些雕刻已经模糊不清了[1]。

　　在大门与主殿之间是一平台，一
方面可能代表了迦楼罗金翅鸟（Garuda）
的起落台，迦楼罗金翅鸟是毗湿奴的
半人半兽形坐骑，另一方面也起到了
主入口与神殿间的过渡作用。中央神

图 3-33　主神殿台阶翼墙上的皇帝与皇后
祈祷像

殿通过升高的台阶到达，在台阶最低处的踏步旁刻有四个精美的浮雕，其中两个
展现了伽摩（Kamadeva）和他的配偶，另外两个表现了被仆人们环绕着的阿盘底
跋摩及皇后的图像（图3-33），他们面向神龛中的神灵祈祷。主神殿的内墙上
刻有精美的浮雕，其中有毗湿奴和他的两个配偶吉祥天女拉克希米（Lakshmi）
和大地女神普弥（Bhumi）的雕像。吉祥天女是财富、运气和爱情的代表，雕刻
明显突出了女神的主要特征，风格受到犍陀罗的影响，有希腊雅典娜女神的影

子[2]，比较遗憾的是已经不能
清晰辨别。除此之外，神庙中
重要的雕刻已被保存在斯利那
加的博物馆中，包括保存完整
的黑色大理石毗湿奴圆雕像。
主殿中毗湿奴的雕刻组图包含
在大的尖券内，拱券立在两边

图 3-34　半边脸的狮子装饰

1 Archaeological Survey of India. Pandrethan, Avantipur&Martand[M]. New Delhi: Director
General Archaeological Survey of India, 1993.
2 Ram Chandra Kak. Ancient Monument of Kashmir[M]. Srinagar: Ali Mohammad & Sons, 2005.

壁柱上，柱头雕刻复杂，有传统的半边脸的狮子雕刻（图 3-34）。在狮子间交替排列着位于三叶拱券中的鹅与花朵，拱肩上刻有植物花卉。上部檐口饰有方形花结，整个柱头装饰丰富。主神殿的台基保存完整，但是 10 米宽的方形圣室已经损坏。

院落周边的列柱廊分布有 69 个神龛，神龛长 1.47 米，宽 1.12 米，每个神龛入口处有三叶拱券门，并且前面饰有支撑在壁柱上的三角形山墙，前方分布高大的柱列，柱子比例粗壮[1]（图 3-35）。壁柱雕刻丰富，有的柱身排列着倾斜的串珠，象征着吉祥的盆罐成竖列串珠状摆放，有的交替排列串珠和花纹（图 3-36）。整体装饰精美丰富，有很好的观赏价值。在连廊的东、北、南三面中央位置的神龛相对较大，并向院落内突出一部分，打破了平直立面，形成视觉焦点。

（4）院落式神庙空间设计

院落式神庙是在单体式神庙基础上扩大化的空间模式，平面为长方形接近曼陀罗图形。中轴对称，由于院落式神庙规模比较大，入口方向遇到地理条件限制时优先选择面向河流开放。在远离河流的情况下，在主神殿正前方设置水池，如太阳神庙，这里也体现了印度教宗教理念中对水的崇拜。根据印度教神话传说，印度众神皆出自水中，同时水也象征了男性，寓意生殖与繁衍。

图 3-35　院落周边神龛

图 3-36　院落周边神龛外侧的壁柱装饰

---

1 Krishna Deva. Temples of India[M]. New Delhi: Aryan Books International, 2000.

从入口开始沿中轴线布置院门、水池或者是平台、主神殿，通过台阶将三者联系起来。院门通过中央墙体划分为内外两个开敞空间，墙壁表面饰以神像雕刻，体量上略小于主神庙，采用相似的多层金字塔形屋顶，与主神庙相呼应。水池或者平台是沿轴线发展的第二道空间，也是用于宗教活动的过渡空间，沿高大的台阶通往主神殿。主神殿是中轴线上的高潮部分，通常由封闭的圣室与门厅组成，位于两层高大的台基上。台基侧面的雕刻精美复杂，在主神殿的四周常设有小型神殿，由单独的圣室空间组成。台基较低，在体量上与主神庙形成鲜明的对比，突出主神庙的宏伟高大。沿矩形平面的四周有一圈柱列，柱列后方设置连续的三叶拱券式神龛，院落四边中间位置的神龛比周围神龛空间大，形成对称式，围合出的院落空间用于宗教活动（图3-37）。

院落式的神庙空间布局与帕拉马萨伊卡曼陀罗图形结合紧密，平面呈方形，内部被划分为81个小方形，中间的9个方格代表创造神梵天，是永恒与实质的象征。梵天的东西南北四面分别代表祖先神、昼神、太阳神、土地神，其余的方格代表了印度教的其他神灵，共同围绕着梵天大神。整个画面如同宇宙的缩影，中央的梵天是宇宙的中心，也是院落式神庙中主神殿所在位置，周边8个方格象征了宇宙的其他部分，也是围绕主神殿的其他小型神殿的位置[1]（图3-38）。

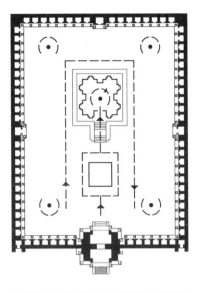

河流

图3-37 院落式神庙空间示意图

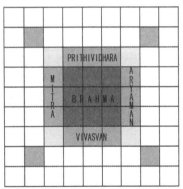

图3-38 帕拉马萨伊卡曼陀罗

5.印度教神庙的建筑元素

（1）神庙基座

---

1 沈亚军. 印度教神庙建筑研究 [D]. 南京：南京工业大学，2013.

神庙基座根据建设层数划分可分为单层基座和双层基座，根据平面形式划分可分为方形基座和十字形基座。十字形基座在潘卓珊神庙和太阳神庙中被采用，其他基本上采用方形基座。本书根据神庙的空间类型将神庙划分为单体式神庙和院落式神庙，而单体式神庙多采用单层基座，院落式神庙多采用双层基座，用于突出主神殿的中心性和高大性，因此基座的划分延续神庙形式划分，这里笔者重点分析单层基座和双层基座。

单层基座与双层基座都采用石头砌筑，单层基座装饰简洁，从琚垭神庙和潘卓珊神庙中可以看到，整体通过横向的凹弧凸圆划分层次，不同层次间通过凹凸增加光影感，高度占整个神庙高度的四分之一到五分之一，平面有方形和十字形。双层基座平面为方形，装饰较精美，一般位于院落式神庙的主神殿下方，尺度较大，用以增加基座之上神殿的宏伟感，有台阶通往基座上方。雕刻位于台阶两侧翼墙或基座侧面，内容以神像为主，世俗画像一般尺度较小或者是位于基座最底层。如太阳神庙的双层雕刻基座，上层神像位于三叶拱券内，高度是下层世俗生活雕刻的2.5倍（图3-39）。

图3-39　神庙基座装饰

（2）柱式

柱式结构是印度教神庙中的基本构成部件。印度北部和南部的大部分地区的印度教神庙的柱子一般为方形，柱上支撑横梁，柱身饰有丰富的圆雕，

图3-40　印度南部印度教神庙柱厅

一般为神话故事或者是神像,雕刻将柱式与横梁连成整体(图 3-40)。不同于印度大陆的神庙柱式,谷地中印度教神庙的柱式具有独特的风格,从中可以发现希腊柱式的影子。早期的柱子比较粗大,柱身光滑,装饰很少;在印度教神庙发展的盛期,从遗留的太阳神庙及阿凡提斯瓦米神庙中可以看到,这个时期的柱子除了结构的作用外,装饰作用也很突出,特别是院落周边神龛两侧的壁柱,柱头、柱身装饰甚是华丽;10 世纪后的神庙发展进入衰弱期,神庙规模缩小,装饰简洁化,柱式简单大方。

　　谷地印度教神庙中的柱子主要有壁柱和独立柱,壁柱一般位于神龛门洞两侧、神殿入口和窗洞旁,壁柱上方常设置三角形山花墙,此柱式纤细轻巧并且装饰精美(图 3-41⑤,⑦),圆柱形柱身布满串珠、花冠或者是菱形雕刻,柱头方圆相结合,柱身高是柱础高的 4—5 倍。独立柱式位于院落式神庙四周的柱列和院门中,柱身高大粗壮并饰有凹槽,凹槽比希腊式柱身的凹槽浅,柱础高占柱身高度的二分之一到三分之一,比例较大。柱头尺度与柱础相当,一般为矩形和倒梯形,也有类似于爱奥尼柱头的涡卷形(图 3-41⑥),整体装饰比希腊和罗马柱式复杂。

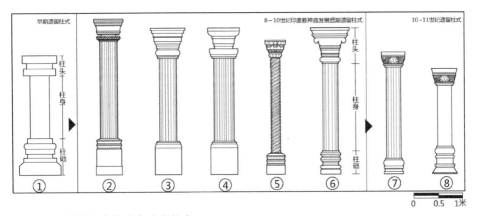

图 3-41　谷地印度教神庙遗留柱式

　　(3)三叶拱券与三角墙

　　三叶拱券因形状如三叶草而命名,中央发券较两边高,外表如"凸"字,常包含在三角形山墙内部。根据受力情况分为结构券和装饰券,结构性三叶拱券普遍见于门窗洞口中,现存比较完整的大型三叶拱券门位于马特坦神庙的主神殿入口,最高点距离神殿地面 8.5 米,拱券侧壁上雕刻着连续的莲花图案(图 3-42)。装饰性三叶券有时作为矩形门洞外的装饰花纹,常见于墙壁上高浮雕神像的外侧,用于框图。

　　三角墙又称山形墙
（Pediment）。在希腊神庙建
筑中，通过低矮的山形屋顶在
建筑物的末端形成三角形剖
面，山形墙通常会有浮雕装饰。
谷地印度教神庙中出现的山形
墙在一定程度上可能受到希腊
化的影响（图3-43），山形

图 3-42　马特坦神庙主殿的三叶拱券入口

墙常支托在壁柱或者是独立柱上，并与三叶拱券搭配使用，常出现在门窗洞口外
侧或者是神像外侧，通过高浮雕或者是外凸的方式出现，坡度高陡，可能源于当
地民居建筑。由于冬季经常受到雨雪天气的影响，当地民居的坡屋顶一般比较陡
峭，从这一点上可以看出神庙建筑的发展将内外文化融会贯通。门洞上方的山形
墙根据外形可划分为三类，除了简单的三角形山墙，还有类似于屋顶结构的双层
山墙（图3-43③），以及在简洁的三角形山墙中多加一条横向划分线（图3-43②）。

　　（4）多层金字塔形屋顶

　　印度教神庙的屋顶受当地民居的影响深远，屋顶坡度很大，主神殿一般采用
四角攒尖顶，屋顶至少两层，多则四层，层层内缩，外观形成高耸的金字塔形。
在多层屋顶之间有带状间隔带，可能模仿了木质民居建筑。在木质民居中屋顶间

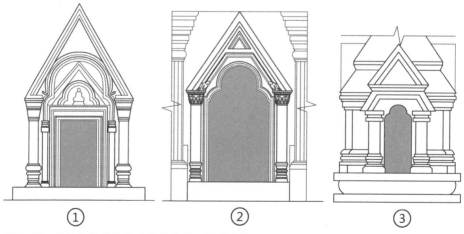

①　　　　　　　　②　　　　　　　　③

图 3-43　谷地印度教神庙三叶拱券及三角形山墙

的矩形空隙用于通风，在石质神庙建筑中用于装饰带。上层屋顶的四周设有装饰性老虎窗，风格与神庙其他门窗洞口装饰相似，集三叶拱券、山形墙和壁柱于一体。有时顶上盖有一块被称为阿摩洛迦的圆饼形醋栗状盖石，如培垭神庙屋顶；更多的神庙屋顶上有类似宝顶的

图 3-44 阿凡提斯瓦米神庙复原图

装饰顶，从阿凡提斯瓦米的复原图上可以看到束腰圆形的尖顶（图 3-44）。总之，多层金字塔形屋顶在民居形式的基础上，更注重向上发展的动势，极力塑造高耸宏伟感，象征了印度教众神居住的神山须弥山，这一点类似于印度北部的希卡罗式神庙。

6. 外来因素的影响初探

犍陀罗与克什米尔谷地间相隔比尔本贾尔山脉，两者主要通过比尔本贾尔山口联系，克什米尔谷地的宗教艺术文化深受犍陀罗和希腊文化的影响。犍陀罗早在阿黑门尼德时期和奥义书时期，甚至在吠陀时代，其范围已经包括比尔本贾尔岭以南的印度河东、西两部分，西部以布色羯逻伐底为首府，东侧以呾叉始罗为主要城市。在亚历山大入侵后，经巴克特里亚希腊人、西徐亚人、帕提亚人期间，犍陀罗艺术与希腊艺术联系紧密。贵霜王朝时期，统治者与罗马政权建立密切的政治与商业的关系，在迦腻色迦时代，犍陀罗的佛教艺术在希腊罗马的影响下达到顶峰，犍陀罗成为佛教寺院与窣堵坡的摇篮[1]。

公元 1—8 世纪流行于犍陀罗的窣堵坡寺院，中央是立于基坛上的窣堵坡，四周为礼拜堂，并有一座大门（图 3-45）。

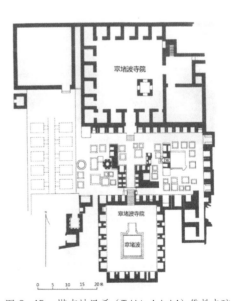

图 3-45 塔克地巴希（Takht-i-bahi）佛教寺院

---

1 [巴基斯坦]穆罕默德·瓦利乌拉·汗.犍陀罗艺术[M].陆水林，译.北京：商务印书馆，1997.

8—10世纪的克什米尔谷地院落式神庙在形制上与它相似，只是中央的庙宇代替了窣堵坡，四周的神龛类似于佛教寺院四周的礼拜堂。除此之外，谷地神庙中普遍存在的三叶拱、三角形门顶及壁柱的建筑构件在公元前1世纪的呾叉始罗双头鹰神庙的窣堵坡上已经被运用；类似希腊的多立克柱式在公元前1世纪犍陀罗的塔克西拉佛教寺院中已经出现，柱身粗壮，自下而上逐渐缩小，柱头装饰简单。由此分析，克什米尔谷地院落式的神庙形制可能源于1—8世纪流行于犍陀罗的窣堵坡寺院，只是在此基础上，为了适应印度教的教义加以改变。

据历史记载，呾叉始罗即东犍陀罗以及比尔本贾尔岭地区，隶属于迦湿弥罗政权约322年之久（528—850）。在这一漫长的历史中，迦湿弥罗的文化必然与犍陀罗地区的文化有着广泛的交流[1]，克什米尔谷地的印度教建筑艺术一方面吸收了古犍陀罗佛教寺院的空间艺术，另一方面也影响了犍陀罗的印度教建筑。在比尔本贾尔岭附近的印度教建筑与克什米尔谷地中的院落式神庙风格统一，采用院落式锥体顶庙宇，三叶券与三角形门顶相结合。这种形式最先在希腊和佛教艺术的影响下产生于公元1世纪的犍陀罗建筑中，公元8—10世纪这种风格在迦湿弥罗的印度教庙宇中被广泛采用，最后在原犍陀罗的比尔本贾尔岭地区得以复兴。

图3-46 印度北部希卡罗式神庙

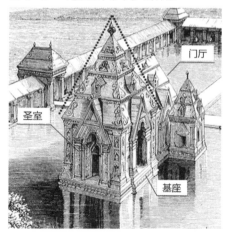

图3-47 马特坦神庙主殿

除此之外，金字塔式神庙与印度北部的希卡罗式神庙相似，追求向上发展的动势。院落式神庙的中央神殿主要由圣室与前厅组成，建立在高大的基座上，锥体形屋顶逐层内缩，在最高点饰以宝顶或圆饼形醋栗状盖石，用来象征印度

1 [巴基斯坦]穆罕默德·瓦利乌拉·汗. 犍陀罗艺术[M]. 陆水林，译. 北京：商务印书馆，1997.

教众神居所的须弥山（图 3-46）。二者的不同点在于外部装饰手法，克什米尔谷地的神庙参照本地民居建筑，采用四坡攒顶，不同屋顶的间隙饰有装饰带，印度北部的希卡罗式神庙外表饰有丰富的线条和雕刻，自下而上，层层重叠，逐层递减，强化了向上发展的动势（图 3-47）。

第三节　伊斯兰建筑

由于其特殊的地理位置，克什米尔的伊斯兰建筑具有不同于其他清真寺的独特风格。北印度的建筑材料、中式的装饰风格，以及波斯的建筑样式等常常精巧地融为一体，同时受到佛教、印度教和伊斯兰教艺术的共同影响，最终形成了典型的克什米尔伊斯兰建筑[1]。这样精美的清真寺在斯利那加有许多，并且每一个地方都有各自传奇而精彩的故事。

1. 伊斯兰教传入克什米尔

伊斯兰是阿拉伯语的音译，7 世纪时，由穆罕默德在阿拉伯半岛上首先创建，原意为"顺从"与"和平"，指顺从和信仰创造世界的唯一主宰安拉及其意志，以求得两世的和平。信奉伊斯兰教的人统称为"穆斯林"。7—17 世纪，在伊斯兰的名义下，曾经建立了倭马亚、阿拔斯、法蒂玛、印度德里苏丹国、土耳其奥斯曼帝国等一系列的封建王朝[2]。经过一千多年的发展，这些盛极一时的封建王朝都已成为历史，但是作为世界性宗教的"伊斯兰"却始终没有衰落。起初，伊斯兰作为一个民族的宗教，接着成为封建帝国的精神源泉，又成为宗教、文化和政治的力量，在世界范围内不断地扩展。

印度次大陆从 8 世纪开始不断受到穆斯林扩张的影响，在 8 世纪初时，穆斯林开始攻占印度北部的信德（Sind）地区和木尔坦（Multan）地区，突厥人马茂德在 11 世纪时对印度进行财富掠夺。到了 1175 年，穆罕默德·古尔侵占了信德南部的地区，又攻下印度旁遮普地区，古尔王朝政权的建立为此后穆斯林在印度600 年的统治奠定了基础。古尔王朝结束后，此后经历了长达 320 年的德里苏丹

---

1 邱永辉. "苏非花园"克什米尔游（下）[J]. 世界宗教文化，2006(01)：55-57.
2 郭西萌. 伊斯兰艺术 [M]. 石家庄：河北教育出版社，2003.

国的统治。伊斯兰艺术不断吸收印度本土特征，并出现第一座清真寺，尔后进入莫卧儿（Mughal）帝国时期[1]。

穆斯林出现在克什米尔地区，可以追溯到 8 世纪。在 713 年，阿拉伯人到达克什米尔边界地区，数次企图占领克什米尔山谷终未成功。从 8 世纪起，几乎整个中亚和印度次大陆北部地区都处于穆斯林的扫荡中，但是克什米尔谷地却一直保持独立。在 10 世纪后期，突厥人马茂德曾两次进犯克什米尔，都被击败，直至 13 世纪末时，当中亚和印度北部大部分地区被穆斯林统治时，克什米尔仍为印度教国王的天下，这种情形一直维持到 14 世纪中叶[2]。

14 世纪后期，克什米尔进入穆斯林时期，苏菲派对于伊斯兰教在克什米尔境内的传播起到关键作用。在克什米尔穆斯林王朝前，一千多名伊斯兰难民为了逃避狂暴的蒙古人来到克什米尔，这也是苏菲派首领为中亚和西亚难民寻求庇护所来到克什米尔后的几个世纪里主要的迁移模式[3]。在印度其他不同的地方，苏菲派已经建立了他们的根据地，并且伊斯兰教已经存在 300 多年了。

克什米尔可考的第一位伊斯兰皈依者，是娄哈若王朝（Lohara Dynasty，1003—1320）结束后的一位信仰佛教的英查那（Rin-chana）国王，他在一名苏菲传教士指导下皈依安拉。英查那被伊斯兰教简洁而明确的教义吸引，受到苏菲老师的影响，后改名字为赛卓迪（Sadruddin），并为苏菲传教士布巴·沙（Bulbul Shah）沿杰赫勒姆河建设清真寺和救济院[3]。当时大多数苏菲传教士来自波斯和中亚，他们在克什米尔安家，生活在人民当中，学习当地的语言，遵循当地的风俗，并用人们喜欢的方式和语言传达真主的教义。除了苏丹西坎德尔时期对非伊斯兰教的破坏外，克什米尔在伊斯兰时期的大多数时间中处在各宗教的和平相处状态。正如历史学家奥·斯坦说，伊斯兰教进入克什米尔并非通过武力征服，而是慢慢地渗入。时至今天，克什米尔人对于早年传教的苏菲，仍怀有深深的敬意[5]。

到 15 世纪末时，穆斯林已经成为克什米尔地区占多数的信仰群众。根据资料显示，此时多数传统的贵族部落都皈依了伊斯兰教，当地已经建立起了穆斯林机构，修建了大量的清真寺和穆斯林学校，波斯语替代了梵语成为官方语言。惟

---

1 郭西萌. 伊斯兰艺术 [M]. 石家庄：河北教育出版社，2003.

2、3、4 Feisal Alkazi. Srinagar: an architectural legacy[M]. New Delhi: Locus Collection, 2014.

5 邱永辉. "苏菲花园"克什米尔游（上）[J]. 世界宗教文化，2005(04): 58-60.

一留在印度教圈内的是最高种姓婆罗门"潘地特"。至 16 世纪初，克什米尔大约还有 8 000 个婆罗门家庭[1]。

2. 伊斯兰建筑在克什米尔的发展

伊斯兰建筑主要成就体现在宗教建筑、帝王陵墓、城堡以及宫殿上。克什米尔谷地中的城堡以及宫殿遗存很少，哈里帕布城堡建于莫卧儿王朝时期，是谷地中唯一遗存下来的古堡，建设在斯利那加市的哈里帕布山顶上。远远望去可以看到城堡砂黄色的外墙轮廓，但内部建筑多数已被损坏，而且后期被军队占用，成为斯利那加的一处可望而不可即的景点。

（1）清真寺

宗教建筑的主要形式是礼拜寺。伊斯兰宗教建筑形制的发展首先离不开《古兰经》。《古兰经》一直被伊斯兰世界奉为神圣的经典，是天神授予穆斯林的戒律书。圣经最核心的就是"安拉独一"，奉安拉为宇宙唯一的神灵，创造万物，主宰一切，既无处不在，又无形无影。因此，在伊斯兰教中拒绝偶像崇拜，进而其他宗教艺术形式的发展受到约束，建筑与装饰的艺术被着重发展。《古兰经》中明确地说："你们无论在哪里，都应当把你们的脸朝向禁寺。"[2] 后期礼拜寺形成基本统一的形制，正殿内墙上都有朝向麦地那方向的圣龛和讲经坛。

其次，追溯礼拜寺的起源，不能遗漏 622 年穆罕默德逃亡麦地那后修建的"先知屋"。先知屋是穆罕默德生前生活、传道、礼拜和聚集讨论军事的场所，用枣椰树干和生土坯作为建材，平面呈方形，由生活起居住房和日常活动的庭院组成，用树枝树叶架起遮阳棚构成议事厅，棚中搭起讲坛。每到周五，招祷司会登上屋顶，呼唤礼拜的人们，这种屋顶发展为后来的宣礼塔。先知屋的基本形制是后期清真寺发展的源泉，尤其是正方形平面，不仅在阿拉伯半岛是经典的几何图案，也成为早期伊斯兰征服地的清真寺的标准形制。清真寺逐渐形成的基本构成是由四道列柱圆拱廊殿围合成封闭的庭院。正面的廊殿就是正殿，另外三面比较宽大，内墙有朝向麦加方向圣龛，正殿与其他三面廊殿都向庭院敞开，庭院中间设有沐浴用的水池，或者是建有穹顶的洗礼堂。清真寺的侧面都有相当于教堂钟楼的宣礼塔，塔顶有小亭，是招祷司每日召唤信徒们的地方，早期的清真寺比较素朴，

1 刘国楠，王树英. 印度各邦历史文化[M]. 北京：中国社会科学出版社，1982.

2 郭西萌. 伊斯兰艺术[M]. 石家庄：河北教育出版社，2003.

后来逐渐复杂[1]。

印度早期的清真寺深受伊朗清真寺风格的影响，其中阿富汗高原上的加兹尼王朝通过喀布尔山谷将势力推进印度平原。麦哈茂德曾十七次到达印度，捣毁印度教并在印度教废墟上建设清真寺，后又经过赛尔柱王朝在印度营建大量清真寺，现存的德里清真寺代表了印度早期的清真寺形制。后期成熟的伊斯兰建筑风格是由莫卧儿王朝创建的，巴布尔在旁遮普巴尼伯德和德里东部仿照伊朗风格修建清真寺[2]；阿克巴即位后，大兴土木，阿格拉附近的法特普尔·西克里（Fatehpur Sikri）新都城是伊斯兰建筑与印度传统建筑相结合的典例。城堡内的五层官、枢密殿融合波斯、土耳其伊斯兰建筑语言，还融合了印度教以及佛教的传统建筑要素。阿克巴开创的建筑风格在沙贾汗时期被强化，典型的莫卧儿建筑风格在这时被确立，并影响到克什米尔伊斯兰建筑的风格。

中世纪时，在整个伊斯兰教大环境的影响下，伊斯兰传教士带着信仰陆续到达克什米尔谷地，同时伊斯兰艺术也传入进来，并融合当地的传统艺术，形成类似于东方伊斯兰建筑体系又独具风格的形制。按照发展过程，谷地中伊斯兰建筑主要有前莫卧儿风格、木构架风格及莫卧儿风格三种形式。

莫卧儿王朝前的伊斯兰建筑遗存很少，现存较完整的有迈达尼清真寺（Madani Masjid）和仁武阿比丁母亲的陵园（The Tomb of Zain-ul-abidin's Mother），它们都建在印度教神庙的基础上，且风格明显受到波斯文化的影响。迈达尼清真寺上的拱肩装饰很独特，采用方形多色琉璃瓦片组合图案（图3-48）。印度境内的琉璃瓦作技术由莫卧儿王朝从波斯引进，并被历代国王运用于城堡及陵墓的建设中。但此时期的琉璃瓦通常被分隔成不规则的形状进行拼接图案，迈达尼清真寺拱

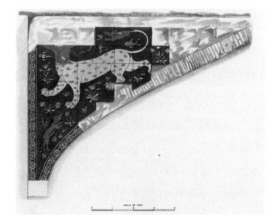

图3-48　迈达尼清真寺拱肩上的琉璃瓦作

---

1 郭西萌.伊斯兰艺术[M].石家庄：河北教育出版社，2003.
2 罗世平，齐东方.波斯和伊斯兰艺术[M].北京：中国人民大学出版社，2010.

肩上的规则琉璃瓦拼接方式明显不同于莫卧儿时期的瓦作[1]，而是类似于巴基斯坦境内的信德和木尔坦地区的琉璃瓦作，此地区在莫卧儿王朝未入侵前就已经流行琉璃瓦作技术。

木构架风格是克什米尔谷地清真寺的显著特征，虽然经过莫卧儿王朝时期石质建筑的复兴，但后期发展中木材仍然是克什米尔谷地的首选建筑材料。一方面木材是清真寺大空间结构的需要，另一方面由于克什米尔谷地木材比较丰富，取材方便，而且当地建筑工匠熟悉木材建造技术。阿克巴进驻克什米尔谷地时就发现克什米尔木构件更适合当地清真寺的建设，木材可以从山上顺河流运输到建设点，节省劳力。逐渐发展起来的木构架清真寺的平面沿袭方形布局，墙体为砖木混合体或者是井干式墙体，多层屋顶上升起锥体形尖塔，尖塔四周有外挑凸窗，形成独特类型。

莫卧儿风格的伊斯兰建筑在克什米尔谷地遗存也很少，这些建筑类似于印度大陆中莫卧儿时期建筑，采用白色大理石砌筑，尖拱门、大圆顶穹隆构成建筑的主要特征，番萨清真寺就是此风格的实例。除了清真寺外，夏利玛花园中的黑亭以及巴布尔建设的哈里帕布城堡也属于典型的莫卧儿风格建筑，哈里帕布城堡的入口大门仍竖立在山脚下（图3-49）。

图3-49　哈里帕布山下的城堡入口

（2）哈曼

哈曼（Hammam）是土耳其浴室的称谓，从古希腊和罗马开始，公用浴室就是城市结构的重要组成部分，古罗马浴场是建筑中功能、空间组合和建筑技术最复杂的一种类型。罗马共和时期，公共浴场主要包括热水厅、温水厅、冷水厅三部分，较大的浴场还有休息厅、娱乐厅和运动场等。罗马帝国被伊斯兰世界取代后，罗马浴场被转变为伊斯兰风格的浴室，并在之前基础上添加了中亚的土耳

---

1 Archaeological Survey of India. Annual Report 1906-1907[M]. New Delhi: Director General Archaeological Survey of India, 2002.

其蒸汽浴和宗教洗礼空间。莫卧儿王朝的第一位君主巴布尔曾经说过："在印度斯坦有三样压迫着我们：炎热，暴风，沙尘。"对抗它们最好的方法就是洗浴。在莫卧儿皇家宫殿区域中，浴室被发展成后宫中的重要机构，在那里开展重要的政治讨论[1]。浴室分为皇家浴室和公共浴室，莫卧儿王朝时期的皇家浴室是一个皇家密室，只有皇帝的几个享有特权的密友可以进入；公共浴室大多由皇家资助或者通过捐款修建，它们周边通常是清真寺或者康奇（Khanqahs）[2]，这些浴池基本上面向公众免费。

对于是谁将哈曼引入克什米尔谷地这个问题仍存在争论，有历史学家说是苏丹的仁武阿比丁，也有说是莫卧儿王朝的米阿扎·海德·杜格拉斯。支持仁武阿比丁最有力的证据是他于1444年为著名穆斯林圣人赛义德·穆罕默德·迈达尼（Syed Mohammed Madani）修建了陵墓建筑，该陵墓综合建筑包括坟墓、康奇、哈曼，其中的哈曼已经被政府和考古协会重修[3]。克什米尔的大多数哈曼经常建在清真寺和康奇周边为普通大众服务，哈曼中各房间相互连通（图3-50），其中包括冷水浴房间、热水浴房间和更衣间，大多数清真寺拥有各自的哈曼，这些哈曼由当地马哈拉（Mohalla）[4]出资维护。

克什米尔内现存的早期哈曼位于阿恰巴尔花园（Achhabal Bagh）中，虽然阿恰巴尔花园是由莫卧儿王朝皇帝贾汉吉尔建造的，但目前尚不清楚哈曼的形成是他原始设计的一部分，还是后期由他的孙女约翰那若（Jehanara）在1640年改造的一部分。除此之外，夏利玛花园、帕里城堡花园（Pari Mahal Bagh）以及哈里帕布城堡内各有一处莫卧儿时期建设的哈曼。

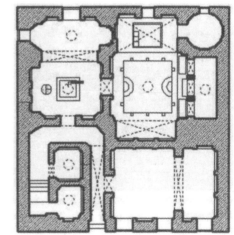

图3-50 哈曼平面布局

1 Feisal Alkazi. Srinagar: An Architectural Legacy[M]. New Delhi: Locus Collection, 2014.

2 康奇：苏菲派穆斯林聚会和进修的建筑场所，在过去被用于苏菲旅行者的收容所，一般依附于清真寺和苏菲圣人的圣祠，分布于受波斯影响的伊斯兰世界中，特别是在伊朗、中亚和南亚更多。

3 Feisal Alkazi. Srinagar: An architectural Legacy[M]. New Delhi: Locus Collection, 2014.

4 马哈拉：建立在家族关系和伊斯兰仪式上的伊斯兰社区，传统上每个马哈拉有一个清真寺，阿訇被视为马哈拉的精神领袖，现在被普遍认为是城镇中的近邻社区。

3. 谷地伊斯兰建筑实例

（1）仁武阿比丁母亲的陵园（The Tomb of Zain-ul-abidin's Mother）

陵园位于杰赫勒姆河的北岸，呈长方形，宽约 64 米，长约 67 米，主入口位于陵园东南角珍诺卡多—马哈拉吉（Zainakadal-maharaj）道路的 L 形拐角处，北面和西面与街道相邻，南面是杰赫勒姆河。陵园建于 1430 年，基地处在废弃的印度教神庙遗址上。陵园共包括三部分，分别是仁武阿比丁母亲的陵墓建筑、皇家墓地、公共墓地。沿大门向北的神道两旁分布着公共墓地，公共墓地中埋葬了很多克什米尔著名的诗人和贵族，其中包括莫卧儿皇帝巴布尔的亲属穆罕默德·哈德尔·杜格拉特。陵园在西北角皇家陵园的入口处达到高潮，皇家墓地西南部矗立着圆顶陵墓建筑，整个陵园由石墙围绕（图 3-51）。

仁武阿比丁在 15 世纪为他的母亲建造的圆顶陵墓建筑采用了集中式空间构图，运用圆形穹顶的建造方式，穹顶鼓座高高升起，气势宏伟[1]。屋顶由中心圆形穹顶和周围四个不同方位的小圆顶组成，小穹顶的鼓座高度相当于鼓座下建筑高度的三分之一，中央大穹顶的鼓座更高，是鼓座下方建筑高度的五分之二，中央大穹顶与周围小穹顶构成立体金字塔形的外观（图 3-52）。周边四个小穹顶的鼓座上饰有圆券，主穹顶鼓座上规则地排列着竖棱状，与德里大清真寺的尖塔装饰相似，檐口采用叠涩的装饰手法，另外一个有趣的装饰是在外立面上有规律地镶嵌着蝴蝶结状的蓝色琉璃砖

图 3-51 仁武阿比丁母亲的陵园平面图

图 3-52 仁武阿比丁母亲的陵墓建筑

1 Ram Chandra Kak. Ancient Monument of Kashmir[M]. Srinagar: Ali Mohammad & Sons, 2005.

（图 3–53），细部设计活跃了整个庄严的建筑氛围。建筑整体装饰朴实，风格淡雅，没有过多的精雕细琢，外部集中制的构图，给人宏伟感。

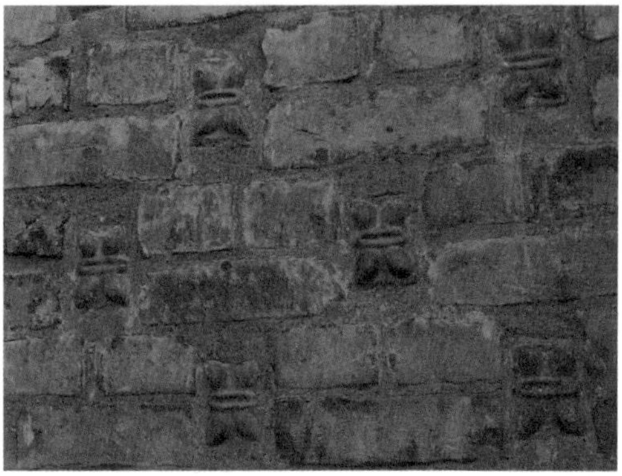

图 3–53　蝴蝶结状的蓝色琉璃砖

陵墓平面沿用了波斯清真寺八边形的平面布局，有四边向外突出。其中突出的一边用于拱券门，另外突出的三边在建筑内部形成三间拱券小室。小室上部角落处有出挑的突角拱，用于底部方墙与上部圆形鼓座角隅间的结构过渡，还具有一定的装饰作用。其装饰价值被伊朗人充分利用，常用在“伊凡”结构的方形拱券入口处，在墙角和拱券部位层层叠叠，形状如同蜂巢，变化丰富[1]。陵墓内部空间比较单一，穹顶下中心空间向四周小室辐射（图 3–54）。出于结构的考虑，其余四边也设有拱券结构，内部形成凹龛，周边墙体与大穹顶的鼓座连接处排列 16 个尖券，共同支撑中央圆形大穹顶（图 3–55）。

皇家陵园位于圆顶陵墓建筑的西侧，内部包含伊斯兰统治者的衣冠冢，全克什米尔最受欢迎的仁武阿比丁皇帝的陵墓[2]，位于墓地中央古老的榛树下。陵园被 2.1 米高的石墙围绕，石墙内外各有一系列的微型拱券壁龛，并且由倾斜的石顶

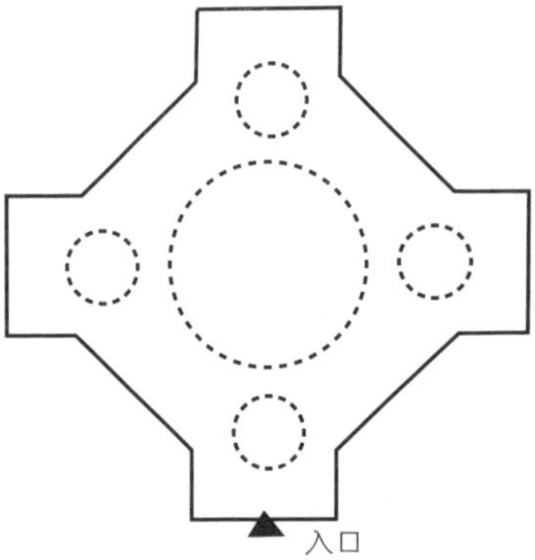

图 3–54　穹顶建筑的空间布局图

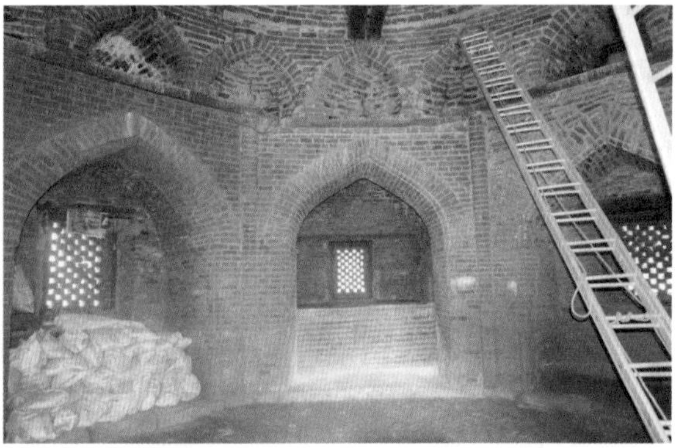

图 3–55　穹顶建筑的内部

1 罗世平，齐东方 . 波斯和伊斯兰艺术 [M]. 北京：中国人民大学出版社，2010.

2 Ram Chandra Kak. Ancient Monument of Kashmir[M]. Srinagar：Ali Mohammad & Sons，2005.

覆盖，壁龛最初可能用于放置神像（图 3-56）。陵园圆顶拱券门的基座由石材建造，并刻有印度教壁画，顶部砖质圆顶及拱券是后期加建的，门的左右两边石刻已经模糊，轮廓是克什米尔印度教神庙形象，上部有神灵舞蹈画面。由此可见，皇家陵园也是建在印度教遗址上。

（2）番萨清真寺（Patthar Masjid）

贾汉吉尔的王后努尔贾汗（Noor Jahan）建造了这座独特的清真寺。当时，王后掌握着一些实质政权，甚至硬币上都刻有她的名字，她的家族来自波斯，并在莫卧儿王朝中有着显赫的地位[1]。她在阿格拉为她的父亲建造了精致的陵墓，风格精细秀雅代表了莫卧儿建筑的转型期[2]，她的兄弟阿赛·汗（Asaf Khan）在斯利那加建造了著名的尼沙特花园（Nishat Garden）。

清真寺院落中，种植了大量的悬铃木，克什米尔谷地内少有的抛光石灰石作为建筑材料在这里可以看到。还有就是在哈里帕布城堡的毛拉沙（Mullah Shah）清真寺，也许是向克什米尔人展示莫卧儿王朝在这里存在过。番萨清真寺是克什米尔莫卧儿王朝时期规模较大的清真寺，长 180 英尺，宽 51 英尺。正立面有九个拱门，其中包括中间最大的拱形门廊[3]。入口处的穹顶拱门如同从方形平面的穹隆建筑上切割一半后剩下的结构，这是典型的"伊凡"式大门，有着高大宽敞的立面和波斯拱的大门高出两侧的墙[4]。穹顶内部分布着多个排列有序的装饰性小尖券，顶部被雕琢成荷叶状，只是省略了拱券和墙隅部石钟乳状的

图 3-56　皇家陵园外墙

1 Feisal Alkazi. Srinagar: An Architectural Legacy[M]. New Delhi: Locus Collection, 2014.

2 郭西萌. 伊斯兰艺术 [M]. 石家庄：河北教育出版社，2003.

3 Takeo Kamiya. Architecture of the India Subcontinent[M]. Tokyo: Atsushi Sato, 1996.

4 郭西萌. 伊斯兰艺术 [M]. 石家庄：河北教育出版社，2003.

挂落，另外出于结构的需要，在墙体上部
与穹顶连接处各有一个大尖券（图3-57）。
装饰性的大门起到了空间过渡的作用，
并营造了奇特的气氛。

　　在屋檐和突出的飞檐间的带状区被
雕刻成一系列莲花装饰，内廊由多个波
斯式穹顶连接而成，穹顶内部雕琢成荷
叶状（图3-58）。沿着入口处的台阶到
达屋顶，由27个圆顶组成，中间的一个
最大，圆顶内部呈肋状[1]。不同于谷地中
其他清真寺，这个建筑没有克什米尔传
统的金字塔尖顶，而是采用波斯式结构
体系，屋顶由18个巨大的方形柱列支撑，
并向两边延伸，底层采用石头，屋顶覆
盖着浅黄色石膏。

图 3-57　番萨清真寺入口

　　（3）贾玛清真寺（Jami Masjid）

　　Jami 在清真寺中是"大"的意思，也
被称为"Juma"或者"Jumma"。正如意
大利主教区中有一个大教堂一样，在伊斯
兰每座城市中都有一个贾玛清真寺。当清
真寺内的祷告殿内的空间不足时，信徒们
会扩散到院落中，清真寺内没有空间划分
界限的区别。贾玛清真寺是克什米尔谷地
中最宏伟的清真寺，起初是木构体系，最
早建于1394年，后来经过三次毁坏性火
灾后，分别在1480年、1620年、1672年
被重新修建，现在的清真寺墙体用砖砌筑。
目前的清真寺建于1672年，属于莫卧儿

图 3-58　番萨清真寺内廊

1 Takeo Kamiya. Architecture of the India Subcontinent[M]. Tokyo: Atsushi Sato, 1996.

王朝奥朗则布时期[1]。

　　建筑平面为边长117米的正方形，可以容纳33 333人，建筑内厅有378根喜马拉雅香柏树树干组成的柱子支撑屋顶，其中346根柱子是6.4米高，周长1.52米，32根柱子的高度达到9.8米，周长1.82米[2]（图3-59）。最初柱子上刻有复杂的木雕，柱身比例修长，方形石质柱基，柱头采用简洁的弧形线条。现在的柱身没有木雕装饰，梁柱结构交叉构成简洁的井式天花骨架，外露的结构形成简单的天花样式，贾玛清真寺的内部装饰整体简单朴素。清真寺西侧门殿内部设有讲坛，讲坛后方灰色花岗岩的马蹄形券内刻有全能真主的99个特征[3]（图3-60）。四周的柱厅围绕正方形庭院，在中心道路交叉位置上有10.4米宽的方形喷泉水池，供洗礼仪式之用。水池高出地面80厘米，池水清澈平静，始终处于满溢状态，并顺着水渠向西流淌，水渠与喷泉相连，呈东西走向。被道路和水池划分的庭院场地是绿地活动区，整个院落被划分为伊斯兰四庭园的形式。

　　贾玛清真寺更显著的特征在于每边中央的锥体形尖顶，共计四个尖塔，

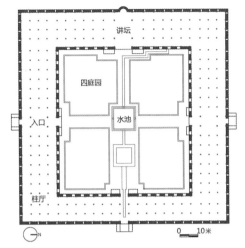

图 3-59　贾玛清真寺平面图

图 3-60　贾玛清真寺西侧讲坛

1、2 Takeo Kamiya. *Architecture of the India Subcontinent*[M]. Tokyo: Atsushi Sato, 1996.
3 Ram Chandra Kak. *Ancient Monument of Kashmir*[M]. Srinagar: Ali Mohammad & Sons, 2005.

锥体四面各有一个向外出挑的凸窗，尖顶下方有开敞式木方亭，方亭坐落在多层坡屋顶上（图3-61）。南侧入口为常用入口，东侧与北侧入口为次要联系出入口，西侧入口门殿上的尖塔不同于其他三个。尖塔下方的拱券大门为典型的伊凡式大门，有着高大宽敞立面和波斯式尖券的大门高出两边厅廊的墙体，但与传统伊朗式的"伊凡"大门有所不同。在这里，贾玛清真寺的宣礼塔被移至正方形平面的门殿上，采用八边形砖质塔身，木质攒尖塔顶，与屋顶结合为整体（图3-62）。塔尖下方的正方形开敞亭子也起到宣礼塔的象征作用。

图 3-61　贾玛清真寺北侧入口门殿

图 3-62　贾玛清真寺西侧伊凡式门殿

厅廊以及入口门殿的屋顶是重檐木质坡屋顶构造，墙体为砖体砌筑，围绕庭院的厅廊内部是一层的空间，外观被划分为两层，打破了封闭砖墙的沉重感，底部采用与入口相同的尖券拱门，门洞全部向庭院开敞；上部叠加一层尖券窗，上下位置对应，尺度远小于底部尖券式拱门，外观比例和谐，稳重又不失灵活，与主入口尖塔建筑构成融洽的画面。

（4）沙哈马丹清真寺（Shah Hamadan's Mosque）

沙哈马丹清真寺是为了纪念著名的苏菲教徒赛义德·阿里·哈马丹尼（Sayyid Ali Hamadani）在谷地传教而建，赛义德·阿里对克什米尔的伊斯兰教传播产生重要影响，还将中亚的部分建筑风格引入谷地中[1]。清真寺最早建于 1395 年，成为斯利那加市的重要苏菲神殿，但是在 1479 年和 1731 年分别经历两次火灾，损坏严重。现在的清真寺不同于传统院落式的清真寺，而是单体木构建筑[2]（图 3-63）。从杰赫勒姆河边远望清真寺，雕刻艺术十分壮观。

图 3-63　沙哈马丹清真寺

　　入口大门为波斯式尖券，建于 20 世纪 60 到 70 年代间，上部饰有阿拉伯书法和新月标志，屋顶为圆顶形制。通过入口门殿后沿台阶下去进入院落内，指向主殿的道路两边是向两边伸展的平台，据说 700 年前哈马丹尼曾坐在这些平台上进行传教。沿主殿前的台阶进入室内，一层祷告室平面为 21 米宽的方形，方形平面四边向外延伸出走廊空间，厚重的墙体中间留有壁龛空间，用于信徒冥想，壁龛外侧设置木窗或木门与走廊相连（图 3-64）。祷告室通高 6 米左右，中央空间设

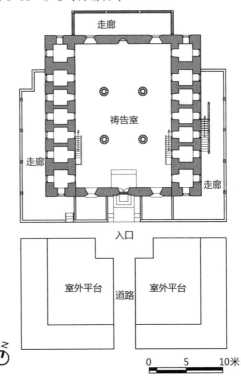

图 3-64　沙哈马丹清真寺一层平面图

置四根通高木柱，柱身装饰木条组合图案并涂有颜料，柱头雕刻复杂。祷告室内的墙壁被精美的木质品装饰，天花板采用混凝纸的装饰手法，华丽程度可与

---

1 Feisal Alkazi. Srinagar: An Architectural Legacy[M]. New Delhi: Locus Collection, 2014.

2 Ram Chandra Kak. Ancient Monument of Kashmir[M]. Srinagar: Ali Mohammad & Sons, 2005.

巴洛克风格媲美，即使是地上的跪垫也很精美（图3-65）。祷告室两侧的直跑楼梯通往3米高的跑马廊，跑马廊外侧与外凸的外廊相连。一层东侧外廊中的直跑楼梯可到达上方外廊，外廊中的木质旋转楼梯通往二层凸窗，并到达二层空间。二层中央设置八根木柱，木柱与一层的承重构件相对应，木柱上方与木梁间通过井干式叠木衔接，形成独特的梁柱承重结构。

图3-65　沙哈马丹清真寺祷告室内部

在入口木门上方有悬挂在三根链条上的金属饰品，被称为罕克（Haankal），信徒们在进入圣殿时触摸它，表达了向哈马丹尼寻求帮助的寓意[1]。主体建筑建在高1.5米左右的石头基座上，基座上方的木构建筑整体就是精美的木制品，墙体采用井干式，植物花纹布满木质墙板，比例细长的柱子上托起半圆拱券。外墙色彩构成喜马拉雅松木原色，入口门廊被刷成深绿色，与屋顶颜色统一，整个建筑色彩很柔美。主体建筑一共两层，一层净高6米左右，二层

图3-66　沙哈马丹清真寺正立面

净高3米左右，坡屋顶的屋架较高，屋檐离地面约15米。锥体形的尖塔突出于三层坡屋顶，尖塔离地面约38米[2]，尖塔侧面有外挑的凸窗，屋顶上方与尖塔之间设置开敞的正方形亭子，整体构图比例协调，集中式的外观形成视觉焦点（图3-66）。

底层围绕中央祷告室的拱券式外廊雕刻精美，拱券不同于波斯式尖券，而是三心拱，并且每个券的圆弧部分被分隔成更小的弧。二层凸窗被镶嵌在拱券内，窗扇采用晶格结构，底部木板雕刻精美的植物图案，整体疏密有致。

1 Feisal Alkazi. Srinagar: An Architectural Legacy[M]. New Delhi: Locus Collection, 2014.
2 Archaeological Survey of India. Annual Report 1906-1907[M]. New Delhi: Director General Archaeological Survey of India, 2002.

檐口下部采用叠涩的构造方法，支撑挑出的外檐口，檐口装饰有木挂落，轻盈精致。屋顶分四层，层层缩进，形成金字塔外观，在上方立有方形开敞亭子，象征宣礼塔，最上方是高耸的尖塔，指向云霄，象征着思想的升华及与安拉的结合（图3-67）。

清真寺旁边有配套建筑哈曼，位于主殿西侧，浴室是两层建筑，从小门进去，左边是一个小隔间，右用于举行祷告者进入清真寺前的洗礼仪式，通过台阶到达二层，周边有6个小房间是沐浴室，在圆顶中心区也是洗礼仪式的区域。在建筑底层有个大的灶台，旁边堆满了木材，是为浴室提供热水所用，保证浴室空间在每年11月到3月的严寒季度里处于温暖的状态中。有专人在每天早上祷告者来清真寺之前点燃灶台里的木材，并保持木材燃烧一整天。

4. 伊斯兰建筑设计元素

（1）拱券式门窗

拱券式门窗是清真寺建筑的主要特征，窗户根据封闭性分为开敞式拱券窗和木格栅窗。木格栅窗主要分布在木构架体系清真寺的凸窗、尖塔低端的方亭中，发券较低，券顶被多个弧分割，窗扇周边排列木格栅，整体装饰疏密有致（图3-68），如沙哈马丹清真寺中的木格栅窗。开敞式马蹄形尖券窗户主要分布在砖砌清真寺及木构架清真寺的外廊中，如大清真寺院落周边的尖券窗，砖体起券，没有窗扇，完全开敞。

入口拱券门比较高大，在大清真寺中的入口，大门高出两边的墙体，形成伊

图 3-67　沙哈马丹清真寺东侧面

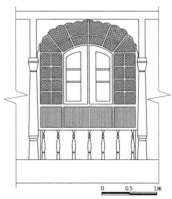

图 3-68　木格栅窗

图 3-69　尖券入口

图 3-70　仁武阿比丁母亲的陵墓穹顶

凡式入口，大门上方比较平滑（图 3-69）。番萨清真寺的伊凡式入口上方有穹顶，穹顶内部划分出多个小尖券，装饰性很强，起到空间过渡的作用。木构架清真寺中的入口大门通常为圆券，门板上面雕刻丰富，以谷地中的花卉植物或者几何图案为母题，装饰手法与阿富汗清真寺木门相似。

（2）穹顶与多层木构锥体形屋顶

图 3-71　哈兹拉巴尔清真寺的穹顶

清真寺屋顶按样式分为穹顶和多层木构屋顶，穹顶是伊斯兰清真寺的主要风格，最早诞生于两河流域。13 世纪时来自中亚的伊斯兰教入侵印度大部，建筑艺术也伴随着宗教思想传入印度，印度工匠根据自己的理解建造了具有印度本土特色的穹顶，从不完整的曲线半圆发展成完整的半圆形，在莫卧儿时期达到鼎盛期。克什米尔谷地 14 世纪时进入伊斯兰时期，伊斯兰建筑被广泛建设，穹顶得以运用，现存较早的穹顶式建筑位于仁武阿比丁母亲的陵墓中，穹顶曲线缓和，鼓座比例较大（图 3-70）。后期哈兹拉巴尔清真寺（Hazrabal Mosque）的穹顶饱满圆润，鼓座较矮，顶部设有金属宝顶（图 3-71）。

多层木构屋顶来源于当地民居，在形式上与印度教神庙的多层金字塔形屋顶相似，一般为二到四层，并在檐口饰有木挂落，层层内缩，中间留有缝隙，用于通风。在屋顶上方设置方亭，亭中的拱券窗向外开敞，象征了宣礼塔，在风格上区别于中亚地区独立的高耸尖塔。方亭顶部竖立四锥体，四面向外伸出四个对称的三角窗，锥体尖端竖立金属宝顶（图3-72），在阳光下金光闪闪。自屋檐上方屋顶开始逐层缩进，整体外观形成金字塔，指向云霄，具有明显的集中构图形式，象征了信徒们思想的升华，并寓意了与先知安拉的结合。

5. 清真寺风格与本土印度教神庙的联系

印度教神庙兴盛于8—10世纪，神庙的风格受到当地民居及犍陀罗佛教寺院的影响，形成集三角形山墙、三叶券和多层坡屋顶于一体的独特风格。伊斯兰教在14世纪时成为克什米尔统治者推崇的宗教，由于统治者的大力支持，与之相关的宗教建筑在克什米尔得到了空前发展。前期的清真寺受到印度教神庙和佛教神庙影响，采用石材建造，有些伊斯兰建筑直接建造在印度教神庙的废墟上，或者是直接将印度教神庙中的石材用于伊斯兰建筑；后期的清真寺主要采用木材，建筑跨度较大，体量宏伟，采用木构锥体顶，形成集拱券漏窗、尖券门、开敞式方亭于一体的集中式构图风格。

无论印度教神庙还是伊斯兰清真寺都有向上发展的集中式构图特点，主要通过对称式构图并向空中延伸的屋顶进行表达，印度教神庙寓意了众神居住的神山须弥山，清真寺则象征着信徒们精神的升华（图3-73）。虽然清真寺的多层坡屋顶

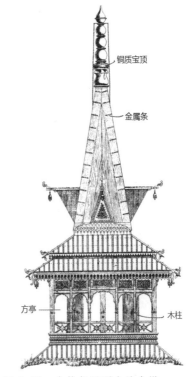

图3-72　木构架屋顶上的尖塔

铜质宝顶

金属条

方亭

木柱

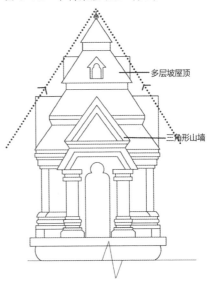

多层坡屋顶

三角形山墙

图3-73　印度教神庙屋顶示意图

受到当地民居的影响，但是向上发展的屋顶形式可能受到印度教神庙的影响。印度教神庙的坡屋顶层层内缩形成高耸的金字塔形，而清真寺是在坡屋顶的基础上建设开敞的方亭，方亭上立四面锥体尖顶，顶部设金属宝顶，构成金字塔外观（图 3-74）。

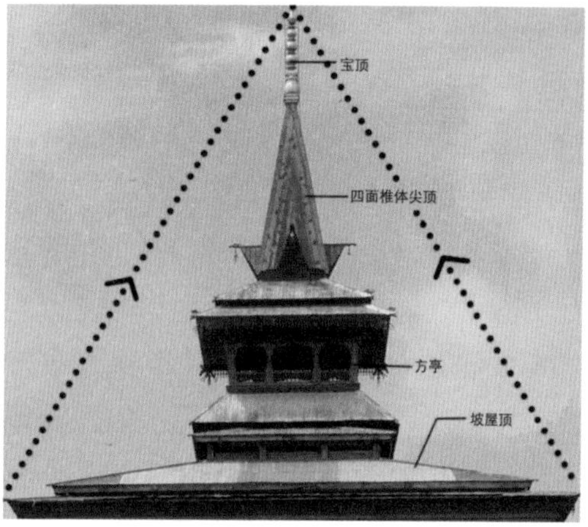

图 3-74　贾玛清真寺屋顶示意图

小结

建筑是界定空间的艺术，宗教建筑则是界定某种整体或者是局部受到神性影响的空间的艺术[1]，它与宗教教义、宗教精神、宗教仪式与宗教艺术紧密相连。宗教建筑是克什米尔谷地建筑的主要类型之一，它跨越时间最长，作为宗教活动中心对谷地建设产生重要影响。

阿育王时期佛教传入克什米尔谷地，后经迦腻色迦国王在谷地举行第四次佛教集结，其佛教文化在佛教历史发展中发挥着重要作用，其中佛教艺术受到犍陀罗中希腊—罗马文化的影响，并向东传播到中国和日本。虽然谷地的佛教寺院已被毁坏，但其部分风格被延伸到印度教神庙的建设中，三角形雕花山墙、金字塔形屋顶以及券柱式构成印度教神庙的主要风格。印度教神庙主要分为单体式神庙和院落式神庙。单体式神庙空间简单，只有一个开敞式的圣室。院落式神庙是单体式神庙的发展，院落布局受到佛教寺院及印度教曼陀罗图形的影响，中央设置集中式构图的主神殿，周边围绕附属神殿和一圈神龛。主神殿通常位于双层基座上，外观高大宏伟。主神殿墙体上雕刻丰富，以神话故事及神灵形象为主，雕刻图案通常包含在饰有三角形山花的门殿内或神龛中。

谷地中的伊斯兰建筑大多为尖塔式木构架建筑，采用克什米尔谷地的传统建造方式，也有少量的穹顶式清真寺。由于受到《古兰经》教义的熏陶，穆斯林拒绝偶像崇拜，因此清真寺中没有任何人物和动物的形象，植物花纹、几何图案和伊斯兰书法艺术得到充分发展。沙哈马丹清真寺为典型的传统木构架清真寺，并

1　杨大禹.云南佛教寺院建筑研究[M].南京：东南大学出版社，2011.

干式建造方法在这里被广泛运用，从墙身到梁上短柱再到尖塔中的支柱都可以看到它的身影，整个建筑的木材用量很大；拱券式门窗、多层坡屋顶及屋顶尖塔构成木构架清真寺的主要特征。独特的屋顶构造在贾玛清真寺中也有运用，贾玛清真寺为谷地规模最大的清真寺，院落四边中央各升起一座尖塔式门殿，尖塔依托在多层木屋顶上，从下到上依次为开敞式方亭、四面锥体、宝顶。四面锥体侧面向外出挑凸窗，整体外观形成向上发展的动态，象征了信徒们精神的升华。拱券门窗以波斯尖券和弓形券为主，尖券分布在砖砌及石砌清真寺中，井干式木构架清真寺主要是弓形券，券顶被多个弧形分隔；木门表面雕刻丰富，植物花纹、几何图案相互穿插，木门风格可能模仿了阿富汗加兹尼的穆罕默德陵墓的木门，如迈达尼清真寺中的木门，无论从雕刻手法还是图案上与穆罕默德陵墓的木门都很相似 [1]。

1 Archaeological Survey of India. Annual Report 1906-1907[M]. New Delhi: Director General Archaeological Survey of India, 2002.

第四章 克什米尔莫卧儿王朝时期的园林建设

第一节 园林特征

第二节 园林建设

克什米尔谷地莫卧儿王朝时期的造园主要受到印度伊斯兰造园的影响，而波斯伊斯兰造园又是印度伊斯兰造园的源泉[1]，波斯的造园受到气候以及宗教的影响。由于地处风多贫瘠的高原，水就成了庭院中最重要的因素，水池、喷泉、沟渠成了主要的造园要素。除此之外，宗教也影响了波斯造园样式，古波斯人信奉拜火教，认为天国中有丰富的苑路、果树以及鲜花，庭院建设意在塑造天国形象，波斯庭园多为矩形，两条垂直相交的苑路将它分为四块，并有沟渠浇灌，在中央交点上设置浅水池或者是凉亭。当庭园设在山地时，利用台阶连接各个露台。7世纪左右，征服波斯的穆斯林吸收了波斯的造园思想，在他们看来天国就是巨大无比的庭园，在中世纪的波斯伊斯兰庭园中栽培大量花草树木，开设水渠，并设置凉亭，这些造园特征随同穆斯林被传播到伊斯兰世界中，克什米尔的伊斯兰园林也有同样的特征。

此外，克什米尔的伊斯兰造园离不开印度园林的影响。印度早期园林的资料记载很少，戈塞因在他的著作《印度的庭园》（Indishche Garten）一书中，根据《罗摩衍那》和《摩诃婆罗多》两部叙事书中记载的王公庭园，尝试获取庭园信息，从中可以获取古印度庭园元素，其中水居首位，水被置于水池中，具有装饰、宗教活动沐浴、灌溉的作用。与早期波斯园林一样也有凉亭和绿荫的设置，可能是出于气候炎热的因素，不用花草造园，只在水池中种莲花[2]，但是由于没有古代庭园的遗存，无法得知园林设计的构思。公元前4世纪末，有希腊人曾经介绍过印度贵族府邸的庭园，7世纪时，玄奘在《大唐西域记》卷十记载"居人殷盛，池馆花林，往往相间"，但是这些记载缺乏对当时园林形式的介绍。随着穆斯林进入印度后，印度的园林开始伊斯兰化，并逐渐走上成熟，在16—17世纪时伊斯兰园林进入鼎盛期[3]。印度次大陆的伊斯兰花园主要分为陵园以及宫廷庭园，宫廷中的庭院比较小，例如德里红堡中的庭园被划分为六个方形小园，每个庭园被十字形水渠划分为四块，水渠中有喷泉、下沉花圃、成片种植的草地与花卉。陵园形制与伊斯兰园林相似，墓居墓园中央，十字形道路代替十字形水渠，花圃不作下沉，例如胡马雍陵和阿克巴陵。泰姬·玛哈尔陵在陵园中有所突破，但是仍然受伊斯兰园林的影响，只是将墓室后置，整个花园在陵园前方，花园采用十

1、2 针之鼓钟吉.西方造园史 [M].邹洪灿，译.北京:中国建筑工业出版社，1991.

2 姜椿芳，梅益.中国大百科全书——建筑、园林、城市规划 [M].北京:中国大百科全书出版社，1992.

字形水渠，将花圃分为四块，水渠交叉处有水池，种植高大茂盛的花木，不加修剪，任其自然生长，后来花圃中全部改为草坪，整个园林更加几何化，可能是出于穆斯林对几何图案的热爱。

伊斯兰圣经《古兰经》中第四章五十七节中记述"信道且行善者，安拉将使他们进入临诸河的乐园，而永居其中"；第四十七章十五节中写道"敬畏的人们所蒙应许的乐园情景是这样的：其中有水河，水质不腐"。这些论述中都将清澈的水放在首位，可以看出生活在沙漠中的阿拉伯人对水的崇敬，因此伊斯兰园林中的水流一直处在重要位置，也或许是受古印度庭园的影响，克什米尔谷地在造园中水依旧是重要的造园要素。继水之后，《古兰经》中的乐园提到清凉的树荫，论述庭园中的花卉植物，蔷薇花是波斯园林中最常见的花卉，而悬铃木被波斯人当做避瘟疫的植物，房前屋后多有种植，是不可缺少的造园植物，除此之外还常种有松树。

第一节　园林特征

1.园林选址（靠山临水）

贾汉吉尔曾经对夏利玛园林进行过这样的叙述："夏利玛靠近湖边，它有令人愉快的溪流从山上流下来，一直流淌到达尔湖。我嘱咐我的儿子库拉姆筑坝做一道瀑布，这样看起来很美，这个地方是克什米尔的景致之一"[1]。

克什米尔谷地除了中央谷地平坦的土地，周边被群山包围，山体中的泉水以及冰雪融化水通过山坡汇集到谷地中，使得这里水资源丰富。由于山坡中泉水丰富，树木茂盛，夏季凉爽并且视线佳，因此克什米尔莫卧儿时期的园林全部建在风景优美的坡地上。在初期谷地中的道路不发达时，要进入这些园林，大多需要通过船舶沿河流或者湖泊到达，夏季船舶从莲叶中间缓缓划过，穿过两岸葱郁的悬铃木，到达山地园林入口时，有豁然开朗的感觉。后期由于城市规划的原因，有多个园林的底层平台被道路覆盖，游客体验不到初始园林选址的妙处。

园林基本上沿山坡建设，花园顺应地形分成几层台地，成台地式园林。泉池

---

1 （美）查尔斯·莫尔，威廉·美歇尔，威廉·图布尔.看风景[M].李斯，译.哈尔滨：北方文艺出版社，2011.

或者是山坡溪流位于园林最上方，从园林底层沿轴线向上看，葱郁的山体作为整个庭园的后方屏障，水流顺应地势层层下跌，叮咚作响，花圃中盛开着多种花卉，连同后方黛色山林共同构成一幅美景。

园林尽端相接于河流或者是湖泊，水渠中水流沿中轴线直接注入湖泊或者河流中，并在河边形成河口。园林的整体选址可以归纳为背山临水，将自身融于大自然中，不同于中国利用"虽有人作，宛自天开"的理念打造与自然融合的园林。这里的园林源自伊斯兰四庭园的几何园林，并利用自身资源，通过自然流水将园林、山体、河流连接为一个整体。水在园林中起到重要的作用，如夏利玛花园、尼沙特花园、阿恰巴尔花园和尼拉纳特花园（Nila Nag Bagh）都是这种选址格局，除了水渠的媒介作用外，还有一种没有明显水渠的庭园，它的选址同样靠山临水。"临水"被寓意为远眺水面而借景，只有帕里城堡花园，是比较特殊的一例，建在斯利那加市达尔湖边高高的山坡上，同样背靠山坡，采用台地式布局，而泉水则通过陶管输送到每个平台的水池中。

2.园林平面布局

巴布尔作为第一位莫卧儿皇帝，也是伊斯兰传统艺术的继承人，他在《回忆录》中介绍了当时印度园林的主要元素是浴池，也有新式花坛被引入园中，后来印度细密画中曾多次描绘带有规则整齐花坛的庭院。真正首次采用伊斯兰四庭园布局的人仍是巴布尔大帝，当他来到印度时，也带来了他对波斯和撒马尔罕城的记忆，其中最古老的四庭园就是阿格拉的拉姆园。拉姆园的平面是对这种模式的精心发挥，使它成为由河流构成的方形网格，水通过水车提升后贮藏在水池内，再流向各个水渠（图4-1）。受波斯艺术的影响，巴布尔急切寻找水源的同时也在寻找"秩序与对称"[1]，拉姆园是巴布尔之后莫卧儿王朝造园的范本，克什米尔台地园林也受其影响。

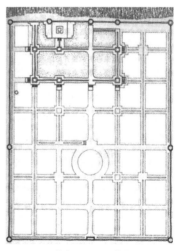

图4-1　拉姆园平面格局

1（美）查尔斯·莫尔，威廉·美歇尔，威廉·图布尔.看风景[M].李斯，译.哈尔滨：北方文艺出版社，2011.

克什米尔台地园林相对于印度平原地区有更好的地理优势，水资源丰富，不需要水车的输送，水利用重力作用顺应地势自然流淌，减少了人力作用。园林大多选址在山坡上，根据地形划分为海拔不同的台地，背靠山体，最顶部有自然泉池，提供整个园林的用水，纵轴线上的水渠将泉水引向不同的台地，台地中的花圃采用四庭园形式。而最基本的方形四庭园（Chahar Bagh）有四个边、四条水渠、四个区和四个对称轴，水渠相交点是园林的焦点和中心，设有方形水池及喷泉。这种园林以微型形式再创了沙漠民族来到沙漠并穿透绿洲心脏的体验。但是莫卧儿园林建造者并不满足于单个四庭园的空间设计，园林通常由多个庭园组成，如拉姆园，整个平面被划分为方形网格，可以巡回穿梭于不同的空间中。

同样，克什米尔谷地中台地园林的每个平台被水渠和苑路划分为一个或多个四庭园布局，园林的轴线拉长后，原有四庭园的心脏被移到山坡那一头，以自然泉池为焦点，只剩中央一条纵轴线（图4-2）。连接泉池的水渠设在纵轴线上，沿水渠两边设有苑路和台阶，凉亭横跨在水渠上，位于台地的中央或者是边缘。水流在高差处形成瀑布，瀑布下方设有矩形水池，因此水从泉池沿水渠流淌过程中，随水渠的宽窄时而平缓时而湍急，遇到高差时飞流直下，在它的舞动中，园林变得生机勃勃。

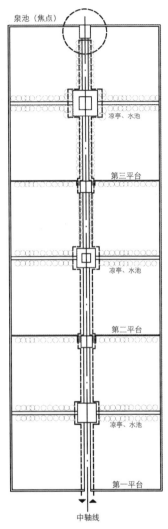

图 4-2　台地式园林平面示意图

台地园林朝山下的一端是最容易进出的，因此入口设置在这里。从入口开始，通过台地墙面围合的空间，有一个上山和逆溪流的行进过程，围合空间可以组织一个从公众场所到私人住处的转变，最公开的台地在最底部的入口旁边，而最私密的空间在最上层，不仅有好的视线，而且有山体作屏障。游客从最底层平台出发，逆着水流的方向行进，伴着叮咚作响的水流，迎着争奇斗艳的鲜花，在自然

的熏陶中靠近顶部泉水。当靠近
山体时，回过头来有豁然开朗的
感受，这时山下风景一览无余（图
4-3）。如夏利玛花园，起初园
林有三个方形平台，每个平台被
纵轴线上的水渠和垂直于水渠的
苑路划分为四庭园，通过中央水
渠将庭园联系起来；当园林较宽
时，各平台被划分为多个四庭园，
如阿恰巴尔花园，庭园间以苑路
和小水渠为界限，上下平台间的
庭园通过高差划分；遇到地势比
较陡峭的山体时，园林中会设置
多个平台，每个平台比较狭长，
被中央水渠和两边苑路横向划分
为四个庭园，如尼沙特花园（图

图4-3　尼沙特花园的水渠与相连的达尔湖景观

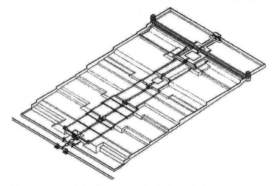

图4-4　尼沙特花园中的台阶式园林布局

4-4），庭园边界植有多种花卉，内部广铺草坪，聚焦点在中央水渠或者是水池上。
这些台地园林的平面布局都有中轴水渠和顶端泉池，以及横跨在水渠上的凉亭，
不同点在于台地平面的不同划分。

　　在中轴水渠引领的园林平面中，还有一种分支平面布局，重点突出泉池的焦
点作用，将水渠上的建筑全部移位到焦点，泉水被建筑包围，凸显其重要位置。
泉水沿中轴水渠流向远处河流，在水渠两边的花圃被内部苑路划分为四庭园的布
局，如尼拉纳格花园（图4-5），山坡下方的泉池被砌为八边形，沿水池周边有
一圈拱廊，这里的泉水很丰富，水渠中的水流量很大，是斯利那加市主要河流杰
赫勒姆河的源泉之一。

　　除以上主要的平面布局外，还有个别缺少水渠设置的园林布局，如帕里城堡
花园。帕里城堡花园其实就是堡垒包裹的对称式台地花园，花园中没有明显的水
渠，水流经过埋在平台内的陶管运输到各个水池中，石砌楼梯将不同海拔的平台
连为整体，水源在最上层平台的山坡下，它主要汇集了山地溪流和泉水。

3.园林设计要素

（1）克什米尔的水

克什米尔谷地被四周的群山包围，山体溪流以及冰雪融水汇集在土壤富饶的谷地中，杰赫勒姆河流贯穿其中，在皮尔旁遮斯汇入一个峡谷，最后流入旁遮普平原。谷地上有两个面积很大的浅湖，分别是达尔湖和乌拉湖，湖畔有繁密的芦苇和莲花。贾汉吉尔在他的《日记》中这样描述谷地，"克什米尔是一个永恒的春天，这里有悦目的花圃……有奔流不息的溪水和无以计数的泉眼，眼力所及之处，皆是一片青葱和不息的流水"[1]。

正因克什米尔的水资源丰富，气候舒适，这里成了历代莫卧儿皇帝避暑的好地方。莫卧儿人设置庭园为娱乐场所，在这些园林中，将自然草地转化为一定模式的花草原野，规则的水池代替自然湖泊，

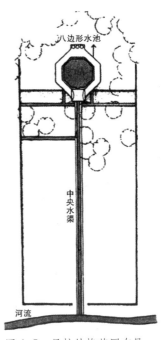

图 4-5　尼拉纳格花园布局

线性水渠象征了河流，夜莺的啼啭回荡在开敞的凉亭之间。由于场址设在山坡上，溪流从山上流下，传统四庭院的中心水源被移到山上，方形水池顺应地形变成了长方形，两侧植被沿中心水轴线形成对称布局。每个园林都用不同的方式来表现水的流动，在植物园有水的溅落声和叮咚声，在阿恰巴尔花园有冲刷和咆哮声，在尼拉纳格花园有水池旋转和透明的深度，在夏利玛和尼沙特花园有精美的瀑布流向莲花盛开的湖面。在这些花园中，水主要以瀑布、水流、喷泉和池水的状态存在，最后汇集到河流与湖泊中。

地势的不平坦，台地间的高差有利于形成瀑布景观，而且通过水管由重力操纵的喷泉可以在水池中喷射。水在下落中编织成复杂的形状，有时候它会形成轻薄的水帘，在阳光下，闪现出旁边的景色（图 4-6）；有时候会变成极细的飘动的喷雾，在阳光下闪闪发光；水流下落在水池中时产生透明

---

1 （美）查尔斯·莫尔，威廉·美歇尔，威廉·图布尔.看风景[M].李斯，译.哈尔滨：北方文艺出版社，2011.

的水花，并发出叮咚声响[1]。瀑布主要有两种形式，分别是垂直下落（图4-7）和通过斜水槽下落。沿水槽下落的瀑布又被称为涩水，在有水槽的地方，水槽表面刻有浮雕或者是对称蜂窝状的凹穴，水流经过时，根据凹槽形状的不同会形成不同的水声，浮雕造型的不同形成的水流也不同，水的突起和下陷、相互交织的喷射状、此起彼伏的水泡、飞动的水珠和激浪等，形成各式各样的姿态（图4-8）。垂直下落的瀑布一般位于高差不大的平台间，下落的水体有时如丝带状，有时如悬挂的水帘，水流量大时飞流直下，落入水池中珠玑四溅。瀑布后方的石墙内凹，有多个排列整齐的拱券形鸽洞，凹陷的鸽洞可衬托瀑布水色，可以聚声和发射声响，从而形成不同的声音。

图4-6　阳光下闪烁的水花

图4-7　垂直落水

图4-8　涩水

　　水体的另两种形式就是水流与池水，主要水流在中轴水渠中，当有更大的水

1 （美）查尔斯·莫尔，威廉·美歇尔，威廉·图布尔.看风景[M].李斯，译.哈尔滨：北方文艺出版社，2011.

体被复制在左右侧与主渠道垂直
或者平行的水渠中时，左右侧水
渠的重要性就被弱化了，水流量
不大的情况下会被苑路替代（图
4-9）。水渠中的水流时而湍急时
而缓和，当汇集在水池时会平静
下来，方形或者是矩形水池沿中
轴线对称，有时环绕凉亭，与水

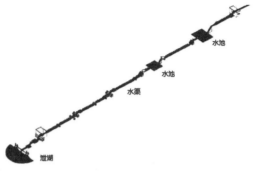

图 4-9　水渠轴线

渠连为一体。宽阔的水渠中设有按规律排列的踏脚石，踏脚石处的水流形成漩涡，
闪闪发光。悬铃木通过中楣对称的方式被排列在水渠的两边，在水渠上建有凉亭，
一般设置在平台中央或者是靠近瀑布的地方。中轴线上有多个石座，并顺着山坡
上升，这里一般有极好的风景视角，若坐在上面，伴着流水声和莺啼声向远处眺望，
近景与远景浑然一体。

　　还有一种水体形式就是喷泉，水渠中的喷泉按相同间距排列在中轴线上，喷
射的泉水在水渠中溅出层层水花（图 4-10）。水池中的喷泉排列方式主要有方格
网排列、梅花式排列和独立喷泉。梅花模式经常被用于喷泉中，每个点都被四个
邻近的点围绕，五点组成一组，各点上的喷泉形成一个喷射区域，共同点缀水池；
方形网格排列的喷泉主要分布于面积较大的水池中，沿轴线对称；独立喷泉模式

图 4-10　水渠中等距离排列的喷泉

常见于凉亭内的方形水池中，在凉亭天花下一枝独秀，比较少见。

（2）建筑营造

建筑物在园林中既是居止处、观景点，也是景观的重要组成部分。建筑物的色调、位置、尺度与周边山水配合，主要以开敞空间和灰空间为主。

建筑主要分为凉亭、浴室、堡垒和拱廊，凉亭在园林建筑中占较大比例。凉亭样式源于当地民居但又不同于民居，沿中轴线对称，两面或者是四面开敞，室内外空间流通，利于眺望远景和增加景深与层次；整体色调典雅，灰色基座，黄锈色墙身，栗色木门窗，与黛色山林相协调；采用梁柱结构，檐口有出挑装饰性木构件；水流经过凉亭内部或者是环绕凉亭一周，不仅形成景观视觉，而且塑造了清凉的微气候（图4-11）；棋盘式天花漆有花纹，或者是简易的木条间交叉组合。各园林中的建筑略有差异，如阿恰巴尔花园，采用明显的波斯拱券结构，拱券门窗饰有高密度的木格栅，而夏利玛花园中的凉亭是简易的梁柱结构，没有拱券的装饰，重点是檐口底部的木雕装饰，具有中亚建筑的特色。浴室常被设置在花园的角落处，建筑风格与凉亭统一，只是比较私密，有陶管连接水源。堡垒建筑具有观望塔或者区域分界的作用，平面为八边形，使用砖石建造，与裸露岩石同色，

图4-11　水池环绕的凉亭

有八角攒尖顶和平屋顶。拱廊主要分布在尼拉纳格花园中，围绕八边形泉池的拱廊不同于凉亭等其他类型的建筑，具有一定宗教活动的作用，拱廊周边设有圣龛。

漏窗样式简单统一，格栅木窗排列紧密，二层拱券窗落地。堡垒建筑的二层窗覆有规则排列的鸽洞，如帕里城堡花园。屋顶样式主要有四坡屋顶、歇山屋顶以及四角攒尖屋顶，木构架支撑，屋顶被喜马拉雅雪杉木瓦或者是陶瓦覆盖，瓦片尺寸较小。

室外苑路铺装利用红砖铺设成人字形（图4-12），或者是碎石铺砌，也有大理石铺装，简洁大方，没有过多的装饰，与对称建筑和规则水渠相协调。

（3）植物配置

沃尔特·R.劳伦斯的《克什米尔谷地》（The Valley of Kashmir）记述了克什米尔谷地中的花朵不胜其数，难以用言语一一描述。由于水资源丰富，气候适宜，这里的植物生长得很茂盛。从山顶到谷地，不同的海拔处长有不同的植物，常绿乔木、落叶灌木和争奇斗艳的花卉，装点着整个谷地。

优良的自然环境为园林植物的配置提供了必要条件，这里的庭园立身于植物繁茂的大自然中。悬铃木是园林中不可或缺的乔木，不论是源于波斯文化还是源于神话传说，它已经成为庭园中的常客。悬铃木高达20—30米，树干粗大，枝叶繁茂，并且生长迅速，按中楣对称的方式排列在苑路两边，夏季形成林荫小道。常绿松、小叶黄杨和枇杷树为主要的常绿树木，常绿松、小叶黄杨通常被修剪成简洁的几何图形站立在苑路两边，枇杷树成偶数对称排列在苑路旁。花圃中种植大片的草地，花卉树木一般种植在花圃边缘。花树主要有紫薇树与合欢树，攀爬植物有蔷薇、爬山虎、紫藤，低矮花卉有矮牵牛、雏菊、一串红等，其他较高的花卉主要有大丽花、绣线菊、黄菊、月季、天竺葵、绣球花。苑路边的花卉自内而外按照品种由低到高种植，高低错位，形成节奏感，

图4-12　苑路铺装

两边的花卉沿苑路轴线对称。花圃中有小叶黄杨排列的几何图形，中间植有花卉，水池边常植有合欢或者是紫薇，当落花时花瓣飘落在水池中，随波纹上下起伏。

植物配置的原则在于不破坏主要的几何平面，在一定程度上突出平面轮廓，如被苑路和水渠划分的方形庭园，庭园的花圃中央被草地覆盖，在方形边缘种植排列有序的花卉，突出边缘线条（图 4-13）；常绿松也被修剪成几何图形零星分布在草坪中，不影响草坪的整体性，而花卉的多样性为几何化的园林添加了生气。

第二节　园林建设

阿克巴大帝是第一个进入克什米尔的莫卧儿国王，他在斯利那加建设了名为"绿丘"（Hari Pabat）的城堡，在达尔湖附近建设了尼西姆大庭园。尼西姆大庭园位于高于湖面的平缓地带，因夏日树下凉风习习而得名，但是由于年久失修，庭园水渠、喷泉和院墙已不存在，只剩下杂草丛生。之后即位的贾汉吉被谷地环境深深地吸引住，他与皇后努尔贾汗有每年移居到克什米尔避暑的习惯。这里风景迷人，植物花卉种类繁多，有百合、郁金香、水仙、紫罗兰、玫瑰、鸢尾花和茉莉等。因此从阿克巴的尼西姆大庭园之后，这里就成了历代国王的避暑地，现存的园林还有夏利玛花园、尼沙特花园、阿恰巴尔花园和尼拉纳格花园等。

图 4-13　水池边的植物

1.夏利玛花园

相传斯利那加市的创始人普拉瓦则那二世在达尔湖的东北部建造了一座别墅，并命名为"夏利玛"。"夏利玛"这个词在梵语中意为"爱的住宅"，贾汉吉尔国王在访问苏卡玛·斯瓦密圣徒的途中经常在别墅中休息。1619年贾汉吉尔在这里建造了夏利玛避暑别墅园[1]，这个园林直到今天仍然保留得比较完整。线性水渠位于对称花园的中轴线上，牵引自山上的泉水穿过庭园注入达尔湖内，周边一系列的方形花圃通过水渠和水池上的亭子连接起来。伴着潺潺流水声，听着鸟鸣声，近看花朵争奇斗艳，远望古树郁郁葱葱，仿佛置身于《古兰经》中的天国世界。

整个园林坐北朝南,南低北高,北侧与马哈迪瓦山相连,水源来自阿拉(Arrah)泉水的分支,水流自上而下通过夏利玛花园(Shalima Bagh)中央的水渠流入南侧的达尔湖中,也成为达尔湖的主要源流之一。园林入口位于南侧,人顺应地势向上走,水顺应地势向下流,形成平行反向流线,塑造特殊的空间感受。庭园起初长约1.609公里,宽11米的水渠环抱着湖岸低凹地带的沼泽地,宽阔的湖面与园林连为一体,两侧宽大的苑路被两边浓郁的悬铃木覆盖,现在的园子长约680米,宽约244米,有5个平台,除第一个平台较窄外,其余4个平台宽度相似,中轴线的水渠穿过各平台的中央(图4-14)。园林共分为三个部分,包括与达尔

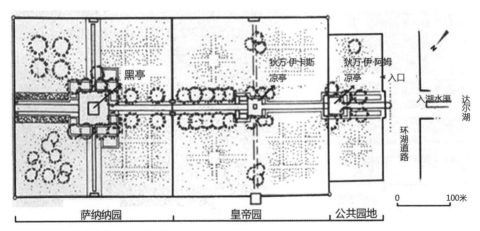

图4-14　夏利玛花园平面布局

---

1 Takeo Kamiya. Architecture of the India Subcontinent[M]. Tokyo: Atsushi Sato, 1996.

湖连接的外侧公共庭园、中央的帝王庭园、北侧尽端供王妃和女眷使用的萨纳纳园。第一个公共庭园的范围是从连接着达尔湖的大水渠开始到第一个狄万·伊·阿姆凉亭（Diwan-I-Am）为止，黑色大理石御座仍然保存在水渠中央的瀑布之上（图4-15），当年皇帝经常坐在那里当众演讲，水渠穿过凉亭注入下面的矩形水池中，在水池中喷泉飞溅。帝王庭园比第一个庭园稍宽，由两个平台组成，被中央水渠和垂直于水渠的苑路划分为四个花圃，中央建有私人觐见厅狄万·伊卡斯（Diwan-I-Khas），虽然建筑已经损坏，但石台基和围在喷泉上的平台还在，浴室位于平台的西北方，已被毁坏，现在只留有遗址。守卫萨纳纳园的小警卫室按照克什米尔建造方式在原址上重新修建，萨纳纳园是典型的伊斯兰四庭院（Charbach）形式，被中央主水渠和垂直于主水渠的东西向小水渠划分为四个花圃，在水渠相交处建设黑亭，美丽的黑色大理石凉亭由沙贾汗建设，迄今仍矗立在四周喷泉的水花中。在平台的四周有围墙封闭，分布皇家住所，凉亭周边分布着高

大葱郁的古悬铃木，夏日中遮阴效果很好，古悬铃木与喷泉、流水以及古凉亭构成一幅典雅优美的画面。

图4-15　狄万·伊·阿姆凉亭内的黑色大理石御座

整个地块共分为六个平台，在不同高差的平台交接处，形成小型瀑布，中轴线上的线性水渠中央设置一排喷泉，泉水四射，在阳光下闪烁晶莹（图4-16）。水渠两边各有一条植物带，植有天竺牡丹、月季、芍药、杨菊等。植物带边上设置平行于水渠的苑路，苑路外侧种植悬铃木和修剪整齐的松树，

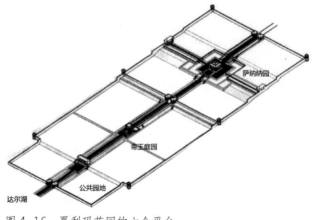

图4-16　夏利玛花园的六个平台

常绿树的种植可能源于波斯，在古波斯的圣典《阿维斯陀》中描述的理想环境就是"高墙森森，流水淙淙，永远常青的绿色庭园"。被苑路及水渠划分的花圃布满草坪，花圃上点缀灌木，花卉植物很少。

园林中的凉亭设置在水渠上，按照水流与凉亭的关系可分为两种：水流穿过凉亭和水流围绕凉亭。水流穿过凉亭的典例就是狄万·伊·阿姆凉亭，凉亭通过东西侧的台阶到达，南北向的水渠穿过凉亭内部，在落差处形成瀑布。凉亭为梁柱结构，在东西侧设有房间，中央的四根石柱将矩形开敞立面划分成五开间，末间尺寸最大，在内部是穿行休息空间，中间三开间有水流通过（图4-17）。四坡木屋架覆以绿色瓦楞铁皮，墙体上有伸出的木构件支撑突出的檐口，檐口边缘饰有均匀排列的木挂落，阳光照射下，在墙面上形成稀疏有致的光影。室内棋盘式木天花上绘制松果图形（图4-18）。水流围绕凉亭比较著名的实例是黑色大理石凉亭，凉亭周边被方形蓄水池环绕，蓄水池北部的水渠与山体泉水相连，水池中共有140个大喷泉（图4-19）。梁柱结构的凉亭共有三个开间，四面开敞，由大

图4-17 狄万·伊·阿姆凉亭

图4-18 狄万·伊·阿姆凉亭内的天花

图4-19 萨纳纳园中的黑色大理石凉亭

图4-20 转角处的梁柱

理石建造，南北侧各设置一个柱廊空间，转角处的柱子体量很大（图4-20），柱头外侧各向外出挑一个支托，用来支撑出挑的檐口，屋顶为三层金字塔形，木屋架上覆盖防水松木瓦片。

莫卧儿王朝时期的夏利玛庭园不仅仅是皇家娱乐场所，也是国王觐见官员以及群众上访的场所，今天的夏利玛园林已经成为斯利那加居民度假和郊游的好去处。

2. 尼沙特花园

尼沙特花园（Nishat Bagh）位于达尔湖东侧，由努尔贾汗之弟阿赛·汗（Asaf Khan）建造，他与同家族的其他成员一样，位居国王之下万民之上，他的父亲是贾汉吉尔的宰相（Vizier），姐姐努尔贾汗是贾汉吉尔的爱妃。尼沙特园林现存长640米，宽约400米，不同于夏利玛花园，这是一座私家园林[1]。

尼沙特花园在规模和类型上与夏利玛花园类似，建于同一位皇帝的统治时期，用同样的材料建设，但它是一处私家园林，没有夏利玛花园的空间礼仪层次，一共由两个部分组成：低处的乐园和上面的萨纳纳园[2]，这个场所比夏利玛更陡，水渠与达尔湖相连处形成泄湖。在道路建设不完备时，进入园林要通过达尔湖行船到达，从达尔湖对岸的纳西姆树林开始，沿途划过浮动的园地，通过湖中的单券门到达泄湖，走进尼沙特园（图4-21）。园林共12个平台，最低的一个平台现在被沿湖的道路占用。水渠在园林的中轴线上，在水渠左右两侧各有平行于它的一条苑路，在苑路与水渠间形成矩形花圃。平台

图4-21　与达尔湖相连的水渠景观

1 Ram Chandra Kak. Ancient Monument of Kashmir[M]. Srinagar: Ali Mohammad & Sons, 2005.
2 （美）查尔斯·莫尔，威廉·美歇尔，威廉·图布尔.看风景[M].李斯，译.哈尔滨：北方文艺出版社，2011.

沿着达尔湖东侧依山势逐渐升高。庭院一年四季景观都很美：春天，远处山体上盛开着白色和粉红色的杏花、桃花，与近处平台上盛开的郁金香、风信子、豹纹蝶、鸢尾草、丁香花、茉莉花、康乃馨以及玫瑰花构成一幅欣欣向荣的画面，山体冰雪融化的水流漂浮着花瓣注入水渠中；夏天，花坛中大丽花、蔷薇花、紫薇、天竺葵以及凤仙花等争奇斗艳，水渠在花床中流淌，注入达尔湖；秋天，金黄色的古悬铃木在黛色山峦的衬托下风景万千。

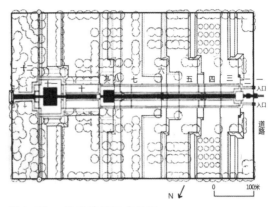

图 4-22　尼沙特花园布局图

　　第二层通往第三层的平台有大理石贴面挡土墙，通过内部的台阶到达第三层平台，挡土墙上饰有马蹄形尖券，尖券中设置鸽洞，每逢节日时，这些鸽洞会被鲜花覆盖，而从前则放置油灯（图 4-23）。水从高处落下形成瀑布，注入第二层平台的矩形水池中。马蹄形尖券上方曾有十二门亭，康斯坦斯·维利亚·斯图亚特曾经描述过它，十二门亭共有两层，一层长约 18 米，宽 14.6 米，两侧有格子木窗封住，中央有 4.3

图 4-23　原十二门亭下方的挡土墙

米的方形水池[1]。水池中共有五
个喷泉，按照梅花点式排列（图
4-24）。池边置有刻纹的木质
家具和带格子的拱门，透过格
子拱门隐约看到园林台地。

经过十二门厅后，黄道带
台地向萨纳纳园的高墙延伸，
看上去如大瀑布倾泻下来，
十二层台地对应黄道的十二个

图 4-24　原十二门亭内的梅花式布局的喷泉

标志。尼沙特园中的水渠在不同高度平台间的转换不是通过低宽的平台瀑布实现。
由于高差比较大，宜采用高窄的石槽，石头管槽倾斜的表面上刻有浮雕，是比较
规则的几何图案，当溪流干涸的时候会形成光影变化，潮湿的时候在光下会闪出
光芒，有水流动的时候会翻腾出水雾。在水槽两边有通向较高平台的台阶，平台
上有横跨水渠的石座（图 4-25）。

顶层萨纳纳园有 5.5 米的横墙穿过庭园，八角形塔屹立在挡土墙两侧，挡土
墙外饰有一系列的封闭尖券门，之前从塔中的台阶可以到达上层平台，现在改为
露天台阶（4-26）。八角形塔为三层，底层立面由六个尖券门廊组成，其中有一
个开向平台的尖券门，内部房间上部饰有圆顶，通过狭窄陡峭的楼梯可以到达二
层。第二层楼地面与上层的平台同一标高，通过二层的门可以抵达平台，顶部采

图 4-25　水槽式瀑布

图 4-26　八边形塔

1 （美）查尔斯·莫尔，威廉·美歇尔，威廉·图布尔.看风景[M].李斯，译.哈尔滨：北方文艺出版社，
2011.

用六角攒尖顶，整体色彩及立面划分与周边建构相统一。

园林尽头水源处有对称的凉亭，开敞空间的正立面有四根十二边形的承重木柱，凉亭屋顶为四坡顶，覆以小木瓦，木瓦由喜马拉雅雪杉制作（图4-27）。从小

图4-27　水源处的凉亭

凉亭中央开敞空间中引出用砖铺砌的水渠，水流注入下层平台中，存储于宽4米和深1.5米的方形蓄水池中。凉亭基座由泥土封填，外部装饰与凉亭墙面连为一体，采用壁柱划分立面，在壁柱间饰有拱券。

尼沙特花园相对于其他伊斯兰花园有更多的细节设计，瀑布通过的石头管槽上刻有不同的花纹以便形成不同的水声，因此在同一平台处经常会感受到不同的流水声。狭长的水渠上部设有多个矩形或者是八边形的基座，在第九和第十个平台的基座上雕刻精致的花纹，坐在这些平台上向达尔湖望去，会发现视线比同平台的其他方位都好。与大多数其他的伊斯兰园林相似，尼沙特花园也有高大的分界墙，在传统四庭院中，分界墙起到与其他区域隔开、阻挡外届视线形成私密空间的作用，但是在私密区域中的视线也被阻隔。尼沙特花园中的分界墙建立在有较大高差平台的基础上，一方面阻挡了较低平台区域中的视线，另一方面未影响上层私密空间中的视线，将达尔湖景观尽收眼底，因此它是伊斯兰天国花园中最好的实例。

3. 尼拉纳格花园

尼拉纳格花园（Nila Nag Bagh）也被称为维瑞纳花园（Vrinag Bagh），该花园位于通往印度平原的伯尼哈尔山口附近，处在松林覆盖的山坡脚下。这里是一片缓坡草地，该处有几乎透明的八角形蓝色泉水池，是著名的旅游胜地。最初泉池是无规则的形状，泉水从池中溢出流向各个方向，在旁边形成沼泽地，后来在贾汉吉尔

的指令下，聘用来自伊朗的雕刻者，用雕刻的石头建造八边形池塘包围自然泉水，泉水重新被聚集在一起。池水中有成群的鲤鱼来回游动，水池周边有石拱围绕，拱廊由贾汉吉尔在 1620 年建造，而他 1627 年在靠近尼拉纳格花园的山口中去世，据说他最大的愿望就是回到这里，并埋在靠近泉水的地方，后来努尔贾汗在那里建起了大理石制的皇帝道路。贾汉吉尔的儿子沙贾汗在泉池的旁边沿坡地建造了线性水渠，将泉水引到庭园中，在落差处形成瀑布。

尼拉纳格花园的设计源于波斯四庭院，四庭院的灵感来自于《古兰经》中对天国的描述，由酒、蜂蜜、牛奶和水组成的四条河流。传统的四庭院有着相同的样式，水源在中央，四条分支出的溪流将花园划分为四个部分。与克什米尔中其他的园林一样，尼位纳格花园建设在山坡上，园林的水源在顶部，由于水源从方形庭园的中央移到最上方，四庭院的设计须适应新的地形的变化，水流动只能从高处流向低处，由于方向的单一性，波斯园林的双对称被降为一条水轴线，传统的溪流被微型化，以平行于主水渠的左右小水渠的形式出现。

园林长 460 米，宽 110 米，分为三部分，第一部分是沿山坡处的八边形水池，第二部分为连接水池的水渠花园，第三部分为底处河口部分[1]。整个园林从山坡高处向下延伸，被南北轴线上的水渠一分为二，水流注入北侧的杰赫勒姆河（图4-28），另外有一条东西走向的水渠，在水池入口处与主水渠相垂直，并沿着平行于主水渠的南北向水渠注入河口，园林入口在西侧，位于东西向水渠的末端。

整个园林的聚焦点在顶端的八边形水池上，据当地人介绍，水池中央最深处达 15 米，泉水从底部不断涌出，集聚在水池中（图4-29）。八边形水池边有环

图 4-28　尼拉纳格花园平面　　　图 4-29　八边形泉池

---

1 Takeo Kamiya. Architecture of the India Subcontinent[M]. Tokyo: Atsushi Sato, 1996.

绕水池的石路，并被砖石拱廊围绕，周边共有 24 个马蹄形拱券凹室，在凹室内的墙壁上有相同的拱券壁龛，有的壁龛中摆放印度教女神雕像和湿婆林伽。每个拱券门洞上方的两边各有一个斗拱，三个拱券门洞一组，在小组中央多设一个斗拱（图 4-30），形成循环秩序，斗拱上有出挑的石板，共同支撑上方挑出的檐口，其实屋顶是一个山坡平台，与旁边民居在同一标高。水池南侧的拱廊内设有圆穹顶覆盖的方形空间，三个方形空间串联在一起，采用拜占庭式的帆拱（Pendentive）结构（图 4-31），在方形平面的四边各有一个尖券，支撑上部的鼓座和穹顶，形成穹顶统率下的集中式构图，在后方墙壁上也设有尖券壁龛。水池的西侧和南侧墙体上共有两块刻有波斯文字的石板，东侧石板上的波斯文是对泉水和贾汉吉尔的赞美，西侧墙体上的波斯文是对沙贾汗建造水渠制作瀑布的赞美，这些高价值的石板文字被完好地保存下来。

　　中央水渠长 305 米，宽 3.65 米，水渠与上部水池相连，将溢出的泉水引入下方的河口。在水池入口处有东西向的水渠与中央水渠垂直，通过庭园的外侧水渠的水与中央水渠的水一起汇集到河口。在中央水渠的两边设石板路，两棵葱郁的古悬铃木站立在水渠的两边，枝干虬曲苍劲，枝繁叶茂，与水中倒影形成美丽风景（图 4-32）。水渠边的花圃中有沿水渠种植的花卉带。这里的花种相对于尼沙特花园比较少，主要有矮牵牛、月季、豹纹蝶、雏菊，常绿树比较多。在苑路旁及花卉带边总会有成排的小叶黄杨，修剪整齐的松树，

图 4-30　马蹄形拱券及出挑斗拱

图 4-31　帆拱结构

图 4-32　尼拉纳格花园水渠

在植物栽植上可能考虑
到与南侧的松林相呼应。
除了园林中常见的悬铃
木、松树及花卉外，花
圃中还植有果树，树干
很粗，绿色果子点缀在
茂盛的树叶间，这在其
他克什米尔园林中比较
少见。庭园地势较尼沙
特花园和夏利玛花园平

图 4-33　尼拉纳格花园河口

缓，在河口前没有大的高差，水渠中的水流量很大，偶尔会形成小的瀑布。水渠
中没有喷泉，可能是考虑到压力不够。克什米尔莫卧儿时期的喷泉大多是在地势
高差产生的重力作用下形成的，水通过陶瓷管道被送到喷管下方形成喷泉，由于
压力有限，喷泉比较柔缓。

　　从河口开始，水流动非常急，水渠中的水经过大的落差后在河口形成瀑布。
东西侧水渠中的水也聚集在这里，经过人工分流后，流经山坡村庄一直到达杰赫
勒姆河（图 4-33）。

4. 阿恰巴尔花园

　　阿恰巴尔花园（Achhabal Bagh）位于安南塔那加市与维瑞纳之间的地区，
从维瑞纳前往阿恰巴尔的道路大部分是山路，道路盘绕在山体之上，迂回陡峭。
阿恰巴尔花园形成时间早于克什米尔莫卧儿时期，在 15 世纪的穆斯林王朝时期
此地就已经因花园而著名，印度教国王曾经迁居到这里。现在的庭园是努尔贾
汗在 1620 年修建，被命名为贝古马巴德，后来为了纪念贾汉吉尔，也以撒诃巴
巴德（Sahebabad）名字闻名[1]。

　　阿恰巴尔的泉水应该是克什米尔谷地中最大的泉池，它古老的印度教名称为
阿克湿瓦拉（Akshvala），阿卜·法兹勒（Abul Fazl）在 *Ain-Akbari* 中描述过它：
"泉池中冒出的泉水高达一腕尺（Cubit，古时的长度单位），泉水冰凉，清澈透明，

1 Feisal Alkazi. Srinagar:An Architectural Legacy[M]. New Delhi: Locus Collection, 2014.

有提神的作用，病人坚持饮用泉水能恢复健康"[1]。伯尼尔在1665年游览庭园时也有介绍这里的泉水"迅猛地涌出地表，就如从地下水井中冒出来一般，水很丰富，称它为泉水倒不如是河流"，他记述了当时庭园中果树很多，有苹果树、梨树、梅子、杏树、樱桃树等。现在的庭园中果树已经很少，只剩下古悬铃木、常绿树种和多种花卉。类似于谷地中的其他山坡园林，泉池是阿恰巴尔花园的水源，位于庭园的最上方，被莫卧儿时期的红砖拱券建筑覆盖。

整个园林大约3.9公顷，南高北低，入口在北侧，南侧紧邻山体。庭园构图与克什米尔其他庭园相似，根据地势划分为四个平台，沿中央纵轴线对称；共三条水渠，中央沿轴线的主水渠和东西侧平行于主水渠的小水渠（图4-34），中央水渠将水池、凉亭和周边花圃连为一整体，花圃被水渠和苑路划分为四庭院形式，沿苑路两边有茂盛的悬铃木。四个平台沿山坡向下排列，从低到高依次定为一、二、三、四平台。第一平台被现在规划的道路和两个木屋占据，其他格局完好地保留下来，水流从上部泉池中涌出沿逐渐下降的水渠注入北侧河流。在没有修建道路前，整个园林一直延伸到河流边。

沿平台向上走，在第一和第二平台间有隔墙和对称的四坡顶门屋，它们由兰吉特·辛格修建；穿过门屋后通向第二平台，水渠边的苑路两边种植多种植物，有较高的月季和松树，较低的有天竺葵、绣球花、雏菊，花树与灌木排列有序，引导行人前进。第二和第三平台间的落差形成瀑布（图4-35），瀑布垂直下落，

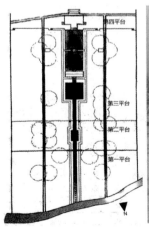

图4-34　阿恰巴尔园林平面布局　　图4-35　平台间瀑布

---

1 Feisal Alkazi. Srinagar: an architectural legacy[M]. New Delhi: Locus Collection, 2014.

沿瀑布两边有通向第三平台的台阶。水流沿主水渠汇集在下方的方形水池中，水池中布置对称的喷泉，沿纵轴线上也设有一排喷泉，泉水四射。第三平台矩形平面的中心建有两层凉亭（图4-36），由兰吉特·辛格在原址上重新修建，这是庭园中体量最大的建筑。旁边的参天古悬铃木郁郁葱葱，在雨雾中更显翠绿，主水渠从凉亭底部穿过。凉亭东西侧房间的面宽各占正立面长度的四分之一，中央木拱券空间占面阔的二分之一。格栅状木拱券支撑在木质双柱上，柱基为石质。拱券空间对外开敞，二层中央七个相同的拱券落地窗饰有木格栅，东西侧的封闭房间通过二层的落地矩形窗和一层的高窗进行通风采光，凉亭沿水渠对称。屋顶采用歇山顶，相比较于中国传统的歇山顶，正脊长，戗脊短，山花较矮，整体坡度比较缓和。

　　沿苑路继续向上走，会看到宽度与两层凉亭面宽相同的长矩形水池，在水池对角线上立有向四面开敞的四坡小凉亭，通过与苑路相连的石板到达。凉亭南北侧的矩形水池中对称设置五列四行喷泉，泉水不断向外涌现。在第三平台与第四

平台间再次出现大的瀑布，两边有台阶通向最上层平台，在矩形水池北侧两个角部各有一座开敞式四坡顶的小凉亭（图4-37）。水渠的源泉被莫卧儿时期的拱券建筑覆盖，红砖拱券凉亭的北立面共有五个马蹄形尖券（图4-38）。凉亭有着高高的石质基座，通过东西侧的拱券

图4-36　第三平台中的两层凉亭

图4-37　第三平台的水中小亭

图4-38　第四平台处的瀑布及水源上方的凉亭

门到达，基座下方设有涵洞供泉水通过，注入矩形水池中。泉池位于凉亭南侧与山体相接，水流量丰富。园林中广植悬铃木，大多高大葱郁，装点整个庭院，阿恰巴尔花园被认为有着园林建设的最好选址。

图 4-39　植物园入口

5. 植物园

植物园（Botanical Garden）也被称为查斯玛萨伊园林，建在尼沙特花园的南侧，由阿里·马丹·可罕修建[1]，在高高的山坡上可以俯瞰达尔湖面，它在选址上比斯利那加的尼沙特和夏利玛花园更私密。

图 4-40　石槽瀑布

庭园共有三个平台，自下而上分别定为一、二、三平台。入口处设置高大的台阶引导游客进入园内，台阶两边设有梯状花圃，花圃中种植不同颜色的菊花、小叶黄杨和白色绣线菊。大门是比较简单的尖券门，没有过多细节装饰，大门两边各有一个尖券框架铁门，上面爬有蔷薇花，花朵盛开（图4-39）。

进入园内，映入眼帘的是高大倾斜的坎儿井，石槽表面紧密排列着蜂窝状凹穴和雕有三角斜纹的凹槽，上方的水流不断流经石槽注入第一平台的水池中，经过凹穴的修饰，产生不同的流水声（图4-40）。瀑布上方平台曾有十二门亭，已经损坏，只剩十二门亭中央的喷泉[2]。第一平台的水池中有梅花点式排列的喷泉，

1 Feisal Alkazi. Srinagar——an architectural legacy[M]. New Delhi: Locus Collection .2014.

2 [美]查尔斯·莫尔，威廉·米歇尔，威廉·图布尔.看风景[M].李斯，译.哈尔滨：北方文艺出版社，2012.

相比较于其他庭园，这里的水流量似乎很小，除了中央喷泉四溅的水花，其他喷泉喷射量很小。水池四角对称排列着四棵修建整齐的松树，沿水池边的苑路两边植有多种花卉，比较多的有月季、白色针线菊、大丽花、一串红、八

图 4-41　水源上方的凉亭

仙花。经过瀑布两边的台阶进入第二个平台。这里植物除了松树、悬铃木、八仙花，还有高将近 2 米的蜀葵花和枝干嶙峋的龙爪槐，植物大多种植在苑路的两边，花圃中长有翠绿的草丛，在平台的中央位置设有矩形水池。

通过台阶到达最上层的平台，同样有聚集水流的矩形水池，但是储水量不多，水流的源泉也被凉亭覆盖。凉亭为两层重檐三角形屋顶，中央空间对外开敞，左右两边都设置了封闭房间（图 4-41），有拱券格栅木窗。通过左右侧的室外楼梯进入二层空间，二层沿泉水内侧有 U 形外廊，外廊木栏杆被券柱式结构包围。凉亭两边植有紫薇树，粉红色花絮挂满树枝，与山林背景共同构成美丽画卷。

6. 帕里城堡花园

帕里城堡花园（Pari Mahal Bagh）应该被称为梯台花园，由沙贾汗的长子达拉·希阔（Dara Shikoh）建于 17 世纪中叶，不幸的是他在 1659 年被兄弟奥朗则布砍头[1]。花园城堡主要的特征在于入口的隐蔽性，通往花园的山路崎岖陡峭，道路两边树木茂盛，很难看到前方远处景观，当到达园林门口时，豁然开朗，入口外山崖边宽大的平台用于人流的疏散。沿山坡建设六个平台，自上而下从第一平台到第六平台延续，总长度达 121.9 米，宽度在 54.5 米到 62.4 米间变化，每个平台都有比较好的景观设计，平台间经过石砌城堡结构连接，花园位于达尔湖边的山丘上，站在这里可以俯瞰整个达尔湖风光（图 4-42）。

1 Feisal Alkazi. Srinagar: An Architectural Legacy[M]. New Delhi: Locus Collection, 2014.

整个园林坐南朝北，中轴线上没有水渠，通过平台间相同风格的石砌建筑连接为一个整体。最上面一层平台与后方山体相连，有两个石砌建筑的遗迹，一个是背向山体的水库建筑，水源来自于山体泉水，现在已经干涸，仅剩石质导水管和残余的建筑墙体，墙体由毛石建造。另一个是面向达尔湖的石砌尖券开敞凉亭，凉亭突出于平台并向下延伸，与第二平台上的一系列拱券门组成整体（图4-43）。这里除了大面积的草坪外，还有梧桐树、修剪成特定几何形状的小叶黄杨、长椭圆形的松树，花卉主要有月季、大丽花、蜀葵、雏菊、紫薇、合欢树，站在平台边缘可以俯瞰整个达尔湖。平台两边角落各有一个楼梯通往下方较低的平台，楼梯长约6.8米，宽1.3米[1]。第二平台中央设有矩形水池，宽8米，长12米，池中储水量不多，池边种植桃树和大面积的月季花。水池后方保留下来的墙体上有21个石砌拱券门，自中央高度按降序排列。左右侧的拱券门内有台阶通往第一层平台，拱券门上方设有壁龛，壁龛高度沿中央向外升高，形成反向秩序，采用碎石与石灰泥混合修建，外观粗犷朴素。

图4-42 帕里城堡花园上看到的达尔湖风光

图4-43 帕里城堡花园第二平台南侧

通过二层平台的石砌台阶通往下方的第三层平台，园林的主入口在第三平台东侧墙体的中央，外立面为木质拱券门，中间有圆穹顶空

---

1 Ram Chandra Kak. Ancient Monument of Kashmir[M]. Srinagar: Ali Mohammad & Sons, 2005.

间（图4-44）。入口北侧房间可能是浴室，在角落处还存有陶管。在平台南侧墙体上有19个拱券门洞（图4-45），在中央的拱券凹室内部埋有水管，用于传输上层的水流，水流继续经过外部的水道和埋在地下的水管将水送到平台北侧边缘的开敞式凉亭中。凉亭为十字形平面，采用帆拱结构，上方有圆形穹顶，集中式构图的中心设有水池，水池中的水继续通过水管流向下层平台，现在水池已经干涸，但陶管仍在。

第四平台北侧存有干涸的水池以及输水陶管，南侧第三平台的基座外立面没有拱券门的装饰，毛石与石灰泥修建挡土墙，墙体中央有上层凉亭延伸下来的拱券结构（图4-46）。在北侧两个角落突出两个八角形堡垒。

第五平台南侧为上层平台的基座，基座中的楼梯将上下平台连接起来。基座设计得比较特殊，共两层，上

图4-44　第三平台（自西向东看）

图4-45　第三平台南侧的尖券门洞

图4-46　自第四平台向上观看

面一层拱廊相互连通，可以经过基座内部楼梯的休息平台到达，并向达尔湖开敞。在拱廊中央为上层水池的基座，底层饰有封闭拱券门，上层建有多个排列有序的方形鸽洞，建材同样是毛石和石灰泥（图4-47）。

第六层平台也是最底层的平台，中央有一个矩形的大水池，布满绿色草坪，在最北侧没有设置院墙，而是种植了一排整齐的树木。整个庭院在最上层开始于大自然，在最下层也是止于自然，利用南侧的天然山体和北侧的自然树林作为起始的天然屏障，是值得借鉴与欣赏的实例。

图4-47　第五平台南侧的拱廊

小结

克什米尔谷地现存园林集中在莫卧儿王朝时期，多数园林沿斯利那加市的达尔湖周边山体分布，其中古老的夏利玛花园及尼沙特花园紧靠达尔湖湖畔，在沿湖道路没有建设前，需从达尔湖上划船进入这些园林。对称几何式的伊斯兰园林风格与自然地势相结合，形成台地式园林。园林整体布局背山面水，花圃平台顺应地势层层上升，到达顶端山体脚下。整个园林的水源就在这里，水源通常是山体溪流汇集的泉池或天然泉水。

园林平面设计受波斯四庭园影响，沿中轴水渠对称，苑路相交处设置凉亭或水池，水渠、开敞式凉亭、对称布置的花圃构成主要的园林要素，其中水渠在园林中起到关键作用，它将顶端水源、四庭园花圃、凉亭以及自然河口连接起来，如同一条丝带将各个元素串联起来。水渠在不同高差的平台间形成瀑布，有的垂直下落，有的沿石槽斜面滑落，发出不同的声响，时而清脆，时而低沉，伴随着矩形水池中散落的喷泉，共同演奏出美妙的音乐。总之，水在谷地园林中扮演着重要的角色，不仅增添了园林的生机，也有利于形成微气候，改善夏季炎热环境。即便在帕里城堡花园中没有明显的中轴水渠，但有隐藏在土壤中的陶土管将水引向各个平台，平台边缘的穹顶式开敞亭子中设置了储水池，平台的花圃中也设置了矩形水池。帕里城堡花园的各平台间高程差比谷地中其他的园林要大得多，可能正是这个因素导致中轴水渠很难实施。

悬铃木是园林中主要的乔木，很多古悬铃木沿苑路两边和凉亭周边分布，枝干虬曲苍劲，树冠硕大，郁郁葱葱，成为园林的主要景点之一。苑路两边和水渠边通常种植多种花卉，比较常见的有百合花、天竺牡丹、月季、紫薇、蔷薇等，常绿树零星点缀在草坪中。花木配植意在强化四庭园边界，突出几何平面布局。夏季园林的植被茂盛，花卉争奇斗艳，鸟鸣声水声相互交融，苍翠的山峰作为园林的后方屏障，所有元素构成一幅画卷，让人流连忘返。

第五章 克什米尔谷地木构建筑特征

第一节 木构架民居

第二节 木构架清真寺

第一节　木构架民居

1. 基础

在传统民居章节中简要介绍了克什米尔谷地民居的两种基本结构体系——安其结构与达吉—德瓦日结构，总体来讲它们都是砖木混合体，但木构架在抗震结构体系中发挥着至关重要的作用。这两种民居结构的基础相似，都是采用石块砌筑，在谷地土壤松软的平原地区，通常先用原木向地下打桩，以此增加土壤的黏合力，并在桩基上方砌石基，基础高 50—60 厘米，装饰很少，造型简洁。沿山坡建设的民居，由于地势的不同，上下建筑间形成错位，上部建筑的基座中设置牲畜间或者是储藏间，入口从下部进入，达到空间的合理利用。

在安其结构中，基础与墙体的交接处放置平行原木，原木间通过垂直于墙体方向的短杆连接，短杆间距离最大 50 厘米，此连接体围绕墙体一周，相当于地圈梁的作用，将上方承重墙与基础连接起来，抵抗不均匀沉降，增加基础与墙体间的延展性（图 5-1）。达吉—德瓦日结构的墙体本身就是木框架体系，基础与墙体间没有另加平行木杆。

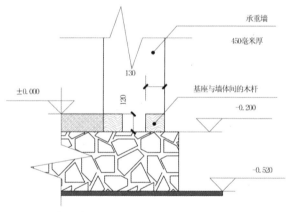

图 5-1　基础放大图

2. 屋身

安其结构屋身主要由木杆体系砌块墙和外凸阳台或凸窗组成，砌块支柱为主要的受力构件，木杆体系将相互分离的砌块支柱及墙体连接为一个整体，每层屋身自下而上至少布置两层木杆，门窗洞口上方及楼层间墙体上是主要的布置部位（图 5-2），其中木杆间的交叉排列方式对于整个体系的稳定性至关重要，窗口上方及楼层间墙体上布置的一圈木杆排列方式相同（图 5-3、图 5-4）。长杆与墙体走向平行，短杆垂直于长杆并固定在长杆上，短杆间距在 50 厘米。相互垂直

图 5-2　安其结构类民居屋身示意图

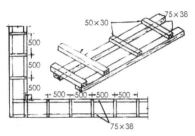

图 5-3　安其结构中的木杆体系模型

图 5-4　窗口及楼层间墙体上的木杆排列方式

的木杆沿窗口上方围绕建筑一圈，相当于窗口上的过梁将窗洞及两边的墙体连接在一起。楼板木格栅与楼层间墙体中井字形排列的木杆体系连接在一起，木格栅穿插在上下平行并列的木杆间，并支撑在沿建筑短轴布置的楼板梁上。相邻格栅相距20厘米左右，木格栅上铺设木地板（图 5-3），向外凸出的格栅或者是斜撑支撑出挑的阳台与凸窗。

　　达吉—德瓦日结构在克什米尔谷地中并不独特，欧洲及谷地周边地区也有分布。谷地中的结构木板比周边地区的木板用材量大，竖向木板与横向木板相互垂直构成墙身主要框架，主要木板宽约15厘米，厚约8厘米，在主框架中设置斜撑或较薄的矩形木撑，斜撑组成"X"或"之"字形（图 5-5）。窗户根据内部

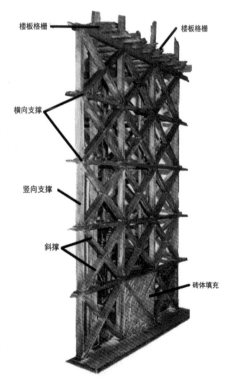

图 5-5　木框架模型示意图

功能及立面的需要在木框架中预留出来，其余框架中填充砖体，传统中的砖体为麦哈若吉小尺寸砖（图5-6）。楼板格栅支托在墙体上方的横向支撑上，格栅间距约20厘米，每个木杆宽约5厘米，厚约3厘米，格栅上被上面木框架的横向支撑覆盖，

图 5-6　斯利那加市达吉—德瓦日类民居墙身示意图

外观类似于安其结构中楼层间的木杆排列方式。室内格栅上铺设3厘米厚的木板构成简洁的楼地板，而向墙外凸出的木格栅支撑外挑的阳台或者是凸窗。

3. 屋架

　　谷地中的民居屋顶主要有攒尖顶、四坡屋顶、人字形坡屋顶，而谷地中运用最多的是人字形坡屋顶。人字形坡屋顶的屋架构造较简单，通过屋架斜梁和横梁构成三角形框架并支撑在墙体上，在框架中添加横向和竖向支撑，用来增强屋架的稳定性，类似于木桁架结构（图5-7）。屋架坡度较大，通常在屋架下方设置

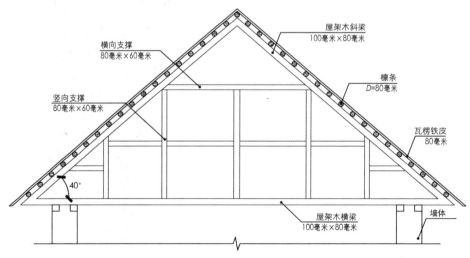

图 5-7　人字形屋架图

阁楼空间，用于夏季活动。传统屋面自下而上设置檩条、木板、桦树皮、黏土层。这种屋面已经很少存在，现在的民居屋架上支托檩条，檩条上铺设瓦楞铁皮。

屋架凸出墙体50厘米左右，屋架下方出挑的木格栅固定在上下平行木杆间，木杆与屋架横木梁连接，木格栅与坡屋面结合在一起构成檐口，檐口处的格栅延伸到室内成为阁楼层楼板格栅。从另一方面讲，檐口部分是阁楼层楼板格栅的衍生物。当屋顶出现老虎窗时，从屋架的竖向支撑处向屋架外出挑横向支撑和斜撑，斜撑重新组合出三角形屋架，在相应位置上再布置竖向支撑，简易的三角形屋架支撑出挑的老虎窗屋面。

第二节　木构架清真寺

1. 墙体

清真寺中比较有特色的木构架主要分布在梁架、屋架、檐口及屋顶尖塔中，墙体中木材的运用方式与民居相似，分为井干式墙体及砖木混合墙体（图5-8），砖木混合墙体主要是指在相互交叉的平行原木间填充砖体的构造方式，砖体与木材交叉排列；井干式墙体的并排原木间有的不留空隙，木材与木材紧密相连，更多的井干式原木间留有空隙（图5-9）。

2. 梁柱结构

梁柱结构是木构架建筑中常见的结构类型，柱高根据层高而不同，整体比例修长。柱础为矩形或多边形，木质柱础上雕刻植物花瓣或植物叶子形状，最大宽度处是柱底径的两倍左右；柱子向上逐渐收分，横断面为十二边形或者是十边形，

图5-8　砖木混合墙体

图5-9　井干式墙体

直径在 50 厘米左右，柱身有木条组合的波纹图案（图 5-10），后期修复的柱子通常为光滑多边形；复杂的柱头为雕刻精美的花束，花瓣自下而上逐层展开，外观构成倒梯形，最宽处与柱础最大尺寸相近，上方支撑十字交叉的木梁。

柱间距是柱底径的 4—5 倍，相互间成方形布局排列，柱列上方支托交叉木梁，天花板固定在木梁与平板格栅间（图 5-11），木格栅排列紧密，相邻距离在 30—40 厘米之间。天花样式采用传统坎坦坂（Khatamban）风格，在平木板上用木条组合出相互交叉的几何图案，不同木条间利用榫卯连接或者是木钉固定，外表用植物清漆粉刷。柱上为楼层地板时，木地板铺设在楼板格栅上，并通过梁架受力于柱列上；当梁柱结构位于顶层时，上方设置多重木构架用于支撑屋顶结构，这种木构架可以说是原木间的堆叠，利用多个原木平行交叉在一起，是一种奢侈的木结构体系，在屋架的介绍中可以清晰地看到。

3. 屋架

在以前的建筑工匠还不会使用木桁架时，相互平行叠加的原木是传统中支撑屋顶檩条的构造方法。这些原木组合体相当于梁上短柱的功能，支托在承重梁上，根据屋顶高度和坡度向上叠加[1]，屋架斜撑受力在支柱上，斜撑上排列檩条，檩条上方依次布置桦树皮、

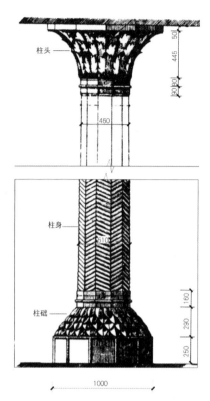

图 5-10　木柱装饰

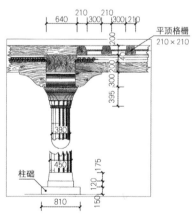

图 5-11　梁柱结构框架

---

1 Archaeological Survey of India. Annual Report 1906-1907[M]. New Delhi: Director General Archaeological Survey of India, 2002.

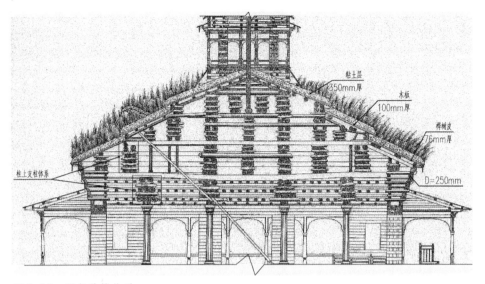

图 5-12　屋架结构体系

木板、黏土层，桦树皮与木板的位置可以互换（图 5-12）。坡屋顶分层设置，通过屋架内的支柱体系向上层层内缩，构成金字塔外观，在层与层间通常留有缝隙，用于夏季通风，传统屋顶的黏土层上种植花草，夏季花卉开放时形成独特的风景，后期修复的屋顶基本上已经放弃黏土覆盖层，采用新型瓦楞铁皮屋顶。

　　屋架内的支柱体系是一种比较古老的结构体系，内部结构所需木材数量大，大多木材取自于树干，支柱体系中的原木直径在 13 厘米到 20 厘米之间，上下层原木间有木板固定，结构相对稳定（图 5-13）。此结构与谷地内木材丰富且易于运输有直接的联系，大量的木材可以顺着山谷河流向下运输到建设点。类似于清真寺的多层木构架屋顶结构以及平行排列的原木体系，

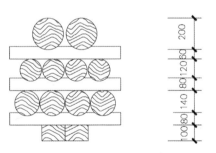

图 5-13　支柱断面放大图

在尼泊尔和邻近克什米尔谷地的喜马偕尔邦也有分布。从地理环境上讲，它们都属于喜马拉雅山脉南麓地区，森林覆盖面积大，木材丰富；从文化上讲，克什米尔谷地与周边的巴基斯坦、阿富汗、西藏以及尼泊尔地区通过丝绸之路和商业交流一直有着广泛的联系，可能是文化上的交流使得建筑建设有着相似性，也有可

能是环境的相似性使得人类因地制宜的智
慧存在惊人的相似。

4.檐口

檐口根据位置不同分为两种。一种是
墙体承重出檐，檐口从墙体向外挑出一部
分，出檐距离很小，类似于硬山的山墙檐
口，这种方式没有太大的特色。另外一种
出檐是通过墙体上方层层出挑的平行原木
支撑檐口，檐口向外出挑距离较大，一般
在50—70厘米左右；檐口承重体系类似
于屋架内的支柱体系，砖墙或者是砖木混
合墙体上方放置垂直于墙体方向的垫板，
垫板上方有平行于墙体方向的并列木杆，
木杆上方再放置垫板，如同井干式层层叠
加并逐层向外凸出。支撑出挑的檐口，木
杆横断面为矩形、方形或者是原木的自然
形状（图5-14），屋架斜撑支撑在层层
出挑的原木上，斜梁上方排列檩条，传统
屋面中檩条上方依次排布防水桦树皮、木
板、黏土层。平行交叉的原木外侧形成齿
状布局，外表有精美的雕刻木板装饰。

四坡屋顶的檐口相交处常悬挂木挂
落，其外轮廓像仙人掌的叶子，下方有一
圈悬挂物，如小铃铛状，沿圆心对称布置
（图5-15），通过金属链条连接成整体。
有的金属挂落，外观模仿木挂落样式（图
5-16）。挂落尺寸较小，总高度在50—
70厘米间，最大宽度在30厘米左右，尺
度根据建筑体量的大小来定（图5-17）。

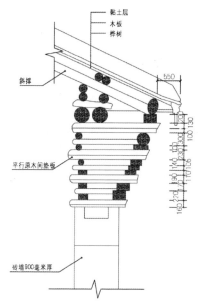

图5-14　檐口构造放大图

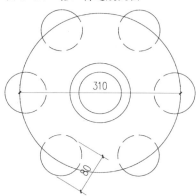

图5-15　屋角挂落平面示意图

图5-16　屋角金属挂落

5.屋顶尖塔

清真寺屋顶尖塔是克什米尔谷地的独特风景，矗立于屋架之上，尖塔高出周边所有建筑，丰富了城市轮廓线。尖塔底部为方亭，方亭高度为整个尖塔的三分之一左右，塔尖所占比例较大，整个尖塔外观比例修长，并且装饰丰富，因此整体构图效果良好。方亭位于方形屋架的中央并支撑在屋架梁上，方亭四面对外开敞，四面各放置一个喇叭，用于每日召唤信徒前来祷告。方亭上方覆盖两层屋顶，锥体形塔尖从屋顶中央升起，底部侧面共有四个突出于尖塔的三角形角窗。窗户上装斜面窗扇或者是栏杆，窗扇与栏杆的装饰题材相似，运用相互连接的木条组合成几何图案（图5-18）。

塔尖主要支撑在四角的木柱和中央。

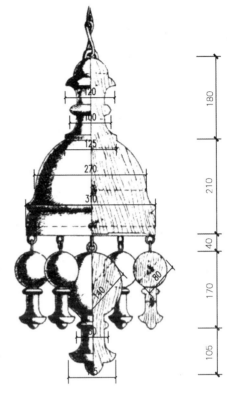

图5-17　挂落细部构造

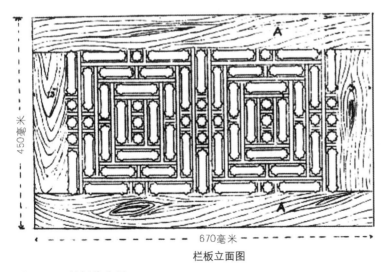

栏板立面图

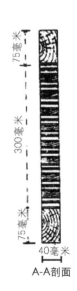

A-A剖面

图5-18　栏板装饰图

锥体形屋面通过塔尖内部层层内缩的平行木杆实现，斜梁支撑在内部的木杆体系上。斜梁上依次布置檩条与防水松木板，而后期修复的大部分屋面被瓦楞铁皮替换。尖塔最上方为金属宝顶或者是宝盖，大部分为铜制品，在阳光下熠熠发光，具有很好的标识性和纪念性（图5-19）。

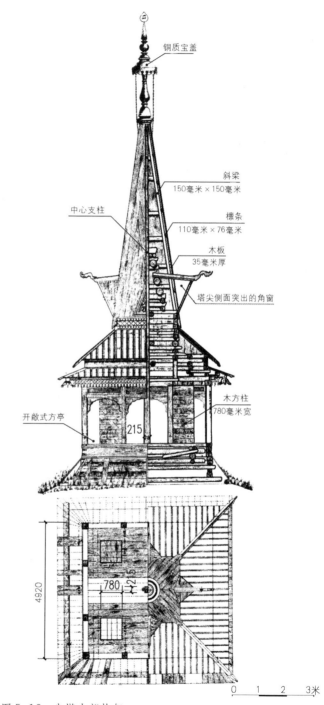

铜质宝盖

斜梁
150毫米×150毫米

中心支柱

檩条
110毫米×76毫米

木板
35毫米厚

塔尖侧面突出的角窗

开敞式方亭

215

木方柱
780毫米宽

4920

780

215

0　1　2　3米

图5-19　尖塔内部构架

结 语

克什米尔谷地地处印度西北部的喜马拉雅山脉间，四周被群山包围，丝绸之路新疆段南道上的一条支线经吉拉山口[1]通往谷地中的斯利那加市[2]。它自古以来是周边地区的文化联系桥梁，在多种文化的交流中形成了不同于印度大陆的独特文化。

谷地西面通过比尔本贾尔山口与犍陀罗地区联系，在佛教盛期其建筑形式与装饰艺术深受犍陀罗的文化影响，形成印度仅有的希腊—罗马风格。虽然佛教寺院已成遗址，但其部分风格延续到印度教神庙中：三角山花、类似于希腊的柱式、三叶拱券及锥体形多层坡屋顶构成谷地印度教神庙的独特风格；南部通过伯尼哈尔山口与印度大陆联系，莫卧儿王朝时期历代国王通过此山口进入谷地，在此修建避暑花园，营造建筑，将莫卧儿文化带进谷地；北部通过山谷道路与中亚及拉达克地区联系，在伊斯兰教扩张时期，大量的苏菲传教士通过这些门径到达谷地传播教义，因此才有了后期风格独特的木构架清真寺，木构架清真寺以多层屋顶上耸立的尖塔为主要特征，尖塔由底部开敞方亭、中部四面锥体及上部塔刹组成，外观形成向上发展的动态，象征着思想的升华及与安拉的结合；除此之外，中国著名佛僧鸠摩罗什、法显、唐玄奘、悟空等先后到达谷地，并在这里学习佛法，抄录经文，这在中国佛教文化史上有着不可磨灭的历史意义，加强了谷地与中国的文化交流。

克什米尔谷地虽然面积很小，但是有着人杰地灵的自然环境、悠久的历史文化和璀璨的建筑遗产。其中包括抗震结构体系的传统民居、希腊风格的印度教神庙、宏伟壮观的木构架清真寺、因地制宜的台地式园林，它们都是多种文化的结晶，是克什米尔人民的精神财富。

本书通过对克什米尔谷地传统建筑的简要论述，希望可为国人揭开它神秘的面纱，让更多的人了解它。由于历史原因，克什米尔谷地无疑受到印、巴冲突的影响，对外旅游开放仅是 2000 年以后，对它的研究目前尚待进一步深入。期待本书阅读者能够提出宝贵意见。

---

1 吉拉山口：位于印度克什米尔谷地北侧大喜马拉雅山脉的西侧，山口通向信德谷地，将拉达克地区与谷地相连。

2 李崇峰. 佛教考古：从印度到中国 II [M]. 上海：上海古籍出版社，2014.

附录 克什米尔历史更替表

时期划分	王朝	历史事迹
穆斯林统治前	新石器时代（前3000年左右）	布尔扎霍姆遗址（Burzahom），粗陶器和石头工具，第二阶段时，房子开始向地面上发展，小麦及大豆被食用，打猎及捕鱼仍然是主要的生活模式
	巨石时代	灰色或黑色取代了陶器中粗红制品的颜色
	亚历山大征服时期（前326）	克什米尔最早的可靠文字史料记载
	孔雀王朝阿育王统治时期（前273—前232）	克什米尔成为孔雀王朝的一部分，许多舍利塔以及部分湿婆神殿被建设，斯利那加市被城市建设发展
	贵霜王朝（1—3世纪）	经历胡色迦（Hushka）、卓色迦（Jushka）的统治，二王保护佛法，建筑僧院及支援颇多，在迦腻色迦时期（127—151）时，克什米尔举办了第四次国际佛教会议，克什米尔逐渐成为佛教与印度教学习的地方
	葛兰迪亚（Gonandiya）王朝	阿比曼纽（Abhimanyu）之后，由旃那陀（Gonanda Ⅲ）王三世建立葛兰迪亚王朝，得助于他，正被镇压的佛教得以复兴，后来他的几代后人统治了克什米尔
	胡那（Huna）统治时期	根据凯尔哈纳的《诸王流派》得知，密希拉古拉（Mihirakula，510—542在位），回到克什米尔后，攻占了犍陀罗国（Gandhara），在那里屠杀佛教徒，并毁坏大量寺院
	葛兰迪亚（Gonandiya）王朝再次统治期间	在胡那（Huna）后，葛兰迪亚（Gonandiya）家族的麦吉瓦汉那（Meghavahana）从犍陀罗被带回克什米尔，之后他的家族又统治了数代。麦吉瓦汉那（Meghavahana）是一个忠实的佛教徒，在他的领土内，禁止屠杀动物
	羯迦吒迦（Karkota）王朝（8—9世纪）	这个时期的重要统治者，拉里塔迪亚·穆塔毗哒（Lalitaditya Muktapida，724—760），创建了一个基于克什米尔包括北印度西部及中部的帝国。8世纪中，克什米尔在北印度政治舞台上很突出，建筑以及石雕有很好的发展，水利工程也很突出，杰赫勒姆河就是这个时期被一位水利专家疏通的，玄奘在这个时期访问克什米尔
	乌特婆罗（Utpala）王朝（9—10世纪）	在羯迦吒迦（Karkota）王朝结束后，由阿盘底跋摩（Avantivarman）建立的乌特婆罗王朝发展起来，他的继承者沙克热瓦曼（Shankaravarman，885—902）率军成功抵制了旁遮普的古亚拉斯（Gurjaras）
	库图本（Kutumbi）王朝	乌特婆罗（Utpala）王朝之后，亚沙卡若（Yashaskara）掌握政权
	迪瓦若（Divira）王朝	在亚沙卡若（Yashaskara）的年轻儿子之后，迪瓦若（Divira）成为国王。他的儿子（Kshemagupta）与娄哈若（Lohara）家族中森穆哈若佳（Simharaja）的女儿迪塔（Didda）结婚，在10世纪后期，迪塔继承王位，曾两次打败了加兹尼（Ghazni）的马哈茂德（Mahmud）对克什米尔的侵犯
	娄哈若（Lohara，1003—1320）王朝	娄哈若（Lohara）数代家族统治了克什米尔3个世纪。1322年萨哈代沃执政，蒙古人打进克什米尔，烧杀抢掠，最后带着财物回国时，遇到大雪封山，全部丧命。萨哈代沃之后由王后古达拉尼在大臣沙·米尔柴（Shahmir）的辅佐下执政，期间曾数次挫败外来侵略者

时期划分	王朝	历史事迹
穆斯林统治时期	英查那 (Rin-chana) 在位时期	西藏佛教徒英查那 (Rin-chana) 在忽必烈去世后，于1294年逃避到克什米尔以寻求政治庇护，但是很快夺取了克什米尔的政权。后来在他的大臣沙·米尔柴（Shahmir）的劝说下转向了伊斯兰教，此时伊斯兰教已经深入到克什米尔之外的国家
	沙·米尔柴（Shahmir）创建的伊斯兰（Sultanate）王朝	1346年，来自史瓦特河谷的沙·米尔柴（Shahmir）登上了王位，穆斯林王朝被首次创建。1354—1470 年期间的伊斯兰君主对伊斯兰教之外的宗教很宽容，除了苏丹西坎德尔（Sultan Sikandar，1389—1413在位）时期，他对非穆斯林的人征收重税，摧毁大量的偶像雕塑，强迫百姓信伊斯兰教
	查克（Chaks）王朝	1561年，沙·米尔柴（Shahmir）王朝被推翻，查克王朝的统治者采取苏丹西坎德尔的宗教政策，靠武力扩大伊斯兰教
	莫卧儿王朝时期	1540年，胡马雍在位期间攻占克什米尔，直到1589阿克巴时期，克什米尔真正成为莫卧儿王朝的一部分。一直持续到1658年奥朗则布继承莫卧儿王位前，克什米尔内社会和平。奥朗则布死后，莫卧儿国力衰弱，到了1750年，克什米尔总督的职位不再受德里的掌控
	阿富汗统治时期	阿富汗国王马德·沙·阿卜（Ahmed Shah Abdali）利用莫卧儿的解体，在1753年攻占了克什米尔，阿富汗的侵略者十分残暴
锡克教和道格拉人统治时期	锡克教统治时期	1819年锡克教在国王兰吉特·辛格打败阿富汗省长穆罕默德·阿兹姆汗攻占克什米尔，1842年入侵西藏，占领拉达克
	道格拉人统治时期	1846年，古拉伯·辛格与英国签署了阿姆利则条约，克什米尔被卖给查谟土邦的大君印度教徒古拉伯·辛格，民族歧视与封建歧视结合在一起的封建压迫急剧加强。1949年，印度与巴基斯坦确定停火线，印巴分制后，印度控制克什米尔主要包括查谟平原、拉达克、克什米尔谷地、锡亚琴冰川

159

中英文对照

地方名称

阿瓦提普尔：Avantipur

安南塔那加：Anantnag

班迪波拉县：Bandipora

布尔扎霍姆：Burzahom

贝古马巴德：Begumabad

巴拉穆拉：Baramulla

巴德加姆：Budgam

巴恩迪波雷：Bandipore

阐丹瓦日：Chandanwari

大吉岭：Darjeeling

达尔豪西：Dalhousie

法特普尔·西克里：Fathpur Sikri

加恩德尔巴尔县：Ganderbal

贡纳·卡纳巴村：Gurnar Khanabal

加兹尼：Ghazni

止布：Grib

古尔马尔格：Gulmarg

犍陀罗国：Gandhara

甘德巴：Ganderbal

哈瓦：Harwan

哈马丹：Hamadan

查谟和克什米尔邦：Jammu and Kashmir

迦湿弥罗国：Kasmira

吉申甘加：Kishanganga

克尼沙珈波：Kanishkapur

曲女城：Kanyakubja

库普瓦拉：Kupwara

喀什格尔：Kashgar

库盖姆：Kulgam

古鲁：Kulu

列城：Leh

马特坦：Mattan

马哈巴莱斯赫瓦尔：Mahabaleshwar

穆索里：Mussoorie

奈尼塔尔：Nainital

乌蒂：Ooty

帕哈干：Pahalgam

潘卓珊：Pandrethan

潘奇加尼：Panchgani

潘克塔米：Panchtarni

帕里哈撒普拉：Parihasa pura

普尔瓦马：Pulwama

斯利那加：Srinagar

撒马尔罕：Samarkand

珊迪珀若：Shadipora

斯卡杜：Skardu

菁培安：Shopian

吐鲁番：Turfan

乌什：Uch-turfan

尤耆卡：Ushkar

北阿坎德邦：Uttarakhand

莎车：Yarkand

王朝名称

阿富汗时期：Afghans Dynasty

查克王朝：Chaks Dynasty

迪瓦若王朝：Divira Dynasty

笈多王朝：Gupta Dynasty

葛兰迪亚王朝：Gonandiya Dynasty

道格拉王朝：Gogras Dynasty

胡那王朝：Huna Dynasty

羯迦吒迦王朝：Karkota Dynasty

库图本王朝：Kutumbi Dynasty

贵霜王朝：Kushan Dynasty

迦摩缕波国：Kamarupa

羯陵伽国：Kalinga

娄哈若王朝：Lohara Dynasty

孔雀王朝：Maurya Dynasty

莫卧儿王朝：Mughal Dynasty

摩揭陀国：Magadha

英查那时期：Rin-chana

沙·米尔柴伊斯兰王朝：Shahmir Dynasty

锡克时期：Sikhs Dynasty

乌特婆罗王朝：Utpala Dynasty

宗教名称

婆罗门教：Brahmanism

佛教：Buddism

印度教：Hinduism

伊斯兰教：Islamism

锡克教：Sikhism

吠陀教：Vedism

人名

阿育王：Asoka

雅利安人：Aryan

阿比赛若斯：Abisares

阿比那瓦笈多：Abhinavagupta

阿盘底跋摩：Avantivarman

阿克巴：Akbar

奥朗则布：Aurangzeb

马德·沙·阿卜：Ahmed Shah Abdali

阿赛·汗：Asaf Khan

奥·斯坦：Aurl Stein

布巴·沙：Bulbul Shah

伯尼尔：Bernier

达罗毗荼人：Dravidian

迪塔：Didda

杜拉巴瓦尔达纳：Durlabhavardhana

达拉·希阔：Dara Shikoh

古拉伯·辛格：Gulab Singh

古亚拉斯：Gurjaras

玄奘：Hsuan-Tsang

贾汉吉尔：Jehangir

约瑟芬：Josephine

约翰那若：Jehanara

扎亚希姆哈：Jayasimha

鸠摩罗什：Kumārajīva

迦腻色迦：Kanishka

凯尔哈纳：Kalhana

拉里塔迪亚·穆塔毗哒：Lalitaditya Muktapida

穆罕默德·哈德尔·杜格拉特：Mirza Haider Dughlat

马利克·海德尔·阐道若：Malik Haider Chadoora

迈达尼：Madani

密希拉古拉：Mihirakula

末阐提：Majjhantika

马丁·凯那德：Martin Kenard

努尔贾汗：Noor Jahan

纳噶卓纳：Nargarjuna

波拉斯：Porus

兰吉特·辛格：Ranjit Singh

英查那：Rin-chana

瑞哈纳：Rilhana

沙贾汗：Shah Jahan

释迦室利跋陀罗：Shakyashribhadra

沙汉姆丹：Shah Hamdan

赛义德·阿里·哈马丹尼：Sayyid Ali Hamadani

沙克热瓦曼：Shankaravarman

瑞西谢赫·努尔丁：Shaikh Nural-Din

沙·米尔柴：Shahmir

苏丹西坎德尔：Sultan Sikandar Butshikan

赛义德·穆罕默德·迈达尼：Syed Mohammed Madani

赛卓迪：Sadruddin

头罗曼：Toramana

郁多罗—库茹人：Uttara‐Kurus

乌塔帕拉：Utpala

瓦苏古特：Vasugupta

亚修瓦曼：Yashovarman

仁武阿比丁：Zain-ul-Abidin

山脉、河流、湖泊名

博得达尔湖：Bod Dal Lake

贝阿斯河：Beas

伯尼哈尔山口：Banihal

达尔湖：Dal Lake

甘葛布尔湖：Gangabal Lake

贾瑞布尔湖：Gagribal Lake

喜马拉雅山脉：Himalaya Range

哈里帕巴特山：Hari Parbat

杰赫勒姆河：Jhelum River

库皓伊冰川：Kolhoi Glacier

霍伊冰川：Kolahoi Glacier

芦库达尔湖：Lokut Dal Lake

勒德河：Lidder River

马基冰川：Machoi Glacier

纳根湖：Nagin Lake

比尔本贾尔岭：Pir Panjal Range

商羯罗查尔雅山：Shankaracharya Hill

信德河：Sind River

舍沙湖：Sheshnag Lake

沙库运河：Shah Kol

乌尔湖：Wular Lake

浣戈斯河：Wangath River

赞斯卡山脉：Zanskar

札斯卡尔岭：Zaskar

吉拉山口：Zoji La

神灵名称

梵天：Brahma

普弥：Bhumi

月神钱德拉：Chamunda

恒河女神：Goddess Ganga

金翅鸟迦楼罗：Garuda

拉克希米：Lakshmi

八女：Matrikas

帕尔瓦蒂：Parvati

湿婆：Shiva

毗湿奴：Vishnu

建筑名称

阿马尔纳特石窟：Amarnath Temple

阿凡提斯瓦拉神庙：Avantisvara Temple

阿凡提斯瓦米神庙：Avantisvami Temple

布尼垭神庙：Buniyar Temple

达吉—德瓦日体系：Dhajji-dewari

古普塔神庙：Gupta Temple

哈里帕布城堡：Hari Parbat

哈曼：Hammam

哈兹拉巴尔清真寺：Hazrabal Mosque

贾玛清真寺：Jami Masjid

康奇：Khanqah

迈达尼清真寺：Madani Masjid

毛拉·沙哈清真寺：Mullah Shah Mosque

毛拉沙清真寺：Mullah Shah

马特坦神庙：Martand Temple

五神庙（梵语）：Panchayatana

潘卓珊神庙：Pandrethan Temple

番萨清真寺：Patthar Masjid

琣垭神庙：Payar Temple

沙哈马丹清真寺：Shah Hamadan's Mosque

仁武阿比丁母亲的陵园：The Tomb of Zain-ul-abidin's Mother

安其体系：Taq

园林名称

阿恰巴尔花园：Achhabal Bagh

植物园：Botanical Garden

尼沙特花园：Nishat Bagh

尼拉纳格花园：Nila Nag Bagh

帕里城堡花园：Pari Mahal Bagh

夏利玛花园：Shalima Bagh

图片索引

第二章 克什米尔传统民居

第四章　莫卧儿王朝时期的园林建设

第五章　木构建筑特征

参考文献

中文专著

[1] 刘国楠，王树英. 印度各邦历史文化 [M]. 北京：中国社会科学出版社，1982.

[2] 邹德侬，戴路. 印度现代建筑 [M]. 郑州：河南科学技术出版社，2002.

[3] 陈锦英. 克什米尔一瞥 [M]. 上海：商务印书馆，1933.

[4] 杨辉麟. 西藏的雕塑 [M]. 西宁：青海人民出版社，2008.

[5] 黄春和. 藏传佛像艺术鉴赏 [M]. 北京：华文出版社，2004.

[6] 龚斌. 鸠摩罗什传 [M]. 上海：上海古籍出版社，2013.

[7] 孙昌武. 中国佛教文化史 [M]. 北京：中华书局，2010.

[8] 玄奘. 大唐西域纪 [M]. 董志翘，译. 北京：中华书局，2012.

[9] 杨建新. 古西行记选注 [M]. 银川：宁夏人民出版社，1987.

[10] 金申. 藏式金铜佛像收藏鉴赏百科 [M]. 北京：中国书店，2011.

[11] 辛哈，班纳吉：印度通史 [M]. 北京：商务印书馆，1973.

[12] 陈延琪. 印巴分立：克什米尔冲突的滥觞 [M]. 乌鲁木齐：新疆人民出版社，2003.

[13] 朱明志. 印度教 [M]. 福州：福建教育出版社，2013.

[14] 郭西萌. 伊斯兰艺术 [M]. 石家庄：河北教育出版社，2003.

[15] 罗世平，齐东方. 波斯和伊斯兰艺术 [M]. 北京：中国人民大学出版社，2010.

[16] 杨大禹. 云南佛教寺院建筑研究 [M]. 南京：东南大学出版社，2011.

[17] 姜椿芳，梅益. 中国大百科全书——建筑、园林、城市规划 [M]. 北京：中国大百科全书出版社，1992.

外文专著

[1] Feisal Alkazi. Srinagar – An architectural legacy[M]. New Delhi：Locus Collection，2014.

[2] VRShah, Riyaz Tayyibji. TheKashmirHouse：ItsSeismicAdequacyandtheQuestionofSocialSustainability[R]. Beijing：the 14th World Conference on Earthquake Engineering，2008.

[3] Randolph Langenbach. Don't Tear it Down – Preserving the Earthquake Resistant Vernacular Architecture of Kashmir[M]. Oakland：Oinfroin Media，2009.

[4] OCHanda. Himalayan Traditional Architecture[M]. Delhi：Rupa Co，2009.

[5] Ram Chandra Kak. Ancient Monument of Kashmir[M]. Srinagar：Ali Mohammad & Sons，2005.

[6] Takeo Kamiya. Architecture of the India Subcontinent[M]. Tokyo：Atsushi Sato，1996.

[7] John Siudmak. Hdo–The Hindu–Buddhist Sculpture of Ancient Kashmir and its Influences[M]. Leiden：Koninklijke Brill NV，2013.

[8] Rahul Mehrotra. Architecture in India[M]. Delhi：Hatje Cantz，2011.

[9] Archaeological Survey of India. Annual Report 1906 — 1907[M]. New Delhi：Director General Archaeological Survey of India，2002.

[10] Archaeological Survey of India. Pandrethan，Avantipur&Martand[M]. New Delhi：Director General Archaeological Survey of India，1993.

[11] SusanLHuntington. The Art of Ancient India‐Buddhist，Hindu，Jain[M]. New Delhi：JP Jain，2014.

[12]Krishna Deva. Temples of India[M]. New Delhi：Aryan Books International，2000.

外文译著

[1] 詹妮弗·哈里斯. 纺织史 [M]. 李国庆，孙韵雪，宋燕青，译. 汕头: 汕头大学出版社，2011.

[2] [日] 城一夫. 西方染织纹样史 [M]. 孙基亮，译. 北京：中国纺织出版社，2001.

[3] [日] 芦原义信. 街道的美学 [M]. 尹培桐，译. 天津：百花文艺出版社，2006.

[4] [美] 特里·肯尼迪. 屋面施工速查手册 [M]. 郭小华，陈琪星，译. 北京：中国建筑工业出版社，2007.

[5][印] 僧伽厉悦. 周末读完印度史 [M]. 李燕，张曜，译. 上海：上海交通大学出版社，2009.

[6] [英] 丹·克鲁克香克. 弗莱彻建筑史 [M]. 郑时龄，支文军，卢永毅，等译. 北京：知识产权出版社，2011.

[7][日] 针之鼓钟吉. 西方造园变迁史——从伊甸园到天然公园 [M]. 邹洪灿，译. 北京：中国建筑工业出版社，1991.

[8][美] 查尔斯·莫尔，威廉·米歇尔，威廉·图布尔. 看风景 [M]. 李斯，译. 哈尔滨：北方文艺出版社，2012.

[9] [巴基斯坦] 穆罕默德·瓦利乌拉·汗. 犍陀罗艺术 [M]. 陆水林, 译. 北京: 商务印书馆, 1997.

学位论文与期刊

[1] 鲁伯特. 世界激情之地 [J]. 青岛: 青岛出版社, 2009.

[2] 杰森·伯克. 保卫克什米尔的树 [J]. 任红, 译. 中国三峡, 2011（06）: 73–74.

[3] 马从详. 印度殖民时期建筑研究 [D]. 南京: 南京工业大学, 2014.

[4] 邱永辉. "苏非花园" 克什米尔游（下）[J]. 世界宗教文化, 2006（01）: 55–57.

[5] 沈亚军. 印度教神庙建筑研究 [D]. 南京: 南京工业大学, 2013.

[6] L 昌德拉. 印度寺庙及其文化艺术（三）[J]. 西藏艺术研究, 1992（03）: 54–58.

网址

[1] 维基百科 http://en. wikipedia. org/wiki/Sind_Valley.

[2] 百度百科 http://baike. baidu. com/subview/171961/6464510. htm?fr=aladdin.

[3] 维基百科 http://en. wikipedia. org/wiki/Rajatarangini.

[4] 维基百科 http://en. wikipedia. org/wiki/Kashmir_Valley.

图书在版编目（CIP）数据

克什米尔谷地传统建筑 / 汪永平，贺玮玮著 .
南京：东南大学出版社，2017.5
（喜马拉雅城市与建筑文化遗产丛书 / 汪永平主编）
ISBN 978-7-5641-6699-1

Ⅰ . ①克… Ⅱ . ①汪… ②贺… Ⅲ . ①古建筑–建筑
艺术–印度、巴基斯坦 Ⅳ . ① TU-098.2

中国版本图书馆 CIP 数据核字（2016）第 197501 号

书　　名：克什米尔谷地传统建筑
责任编辑：戴　丽　魏晓平
装帧方案：王少陵
责任印制：周荣虎
出版发行：东南大学出版社
社　　址：南京市四牌楼 2 号
邮　　编：210096
出 版 人：江建中
网　　址：http://www.seupress.com
电子邮箱：press@seupress.com
印　　刷：深圳市精彩印联合印务有限公司
经　　销：全国各地新华书店
开　　本：700mm×1000mm　　1/16
印　　张：12
字　　数：222 千字
版　　次：2017 年 5 月第 1 版
印　　次：2017 年 9 月第 2 次印刷
书　　号：ISBN 978-7-5641-6699-1
定　　价：69.00 元

若有印装质量问题，请与营销部联系。电话：025-83791830